完全図解

電気理論と電気回路の基礎知識 早わかり

大浜 庄司 著

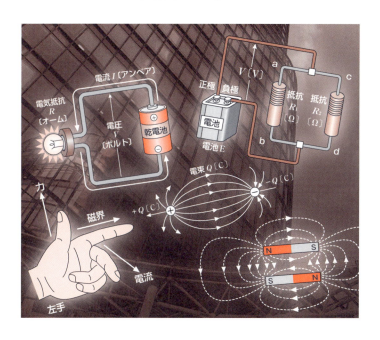

本書を発行するにあたって，内容に誤りのないようできる限りの注意を払いましたが，本書の内容を適用した結果生じたこと，また，適用できなかった結果について，著者，出版社とも一切の責任を負いませんのでご了承ください．

本書は，「著作権法」によって，著作権等の権利が保護されている著作物です．本書の複製権・翻訳権・上映権・譲渡権・公衆送信権（送信可能化権を含む）は著作権者が保有しています．本書の全部または一部につき，無断で転載，複写複製，電子的装置への入力等をされると，著作権等の権利侵害となる場合があります．また，代行業者等の第三者によるスキャンやデジタル化は，たとえ個人や家庭内での利用であっても著作権法上認められておりませんので，ご注意ください．

本書の無断複写は，著作権法上の制限事項を除き，禁じられています．本書の複写複製を希望される場合は，そのつど事前に下記へ連絡して許諾を得てください．

出版者著作権管理機構
（電話 03-5244-5088，FAX 03-5244-5089，e-mail: info@jcopy.or.jp）

JCOPY ＜出版者著作権管理機構 委託出版物＞

はじめに

　この本は，電気を初めて学習しようと志す人のために，電気理論と電気回路の基礎知識をともに関連づけて系統的に一冊にまとめてあるのを特徴とし，絵と図でやさしく解説した"**入門の書**"です．
　この本は，初めての人にも電気をより理解していただくために，次のような工夫がしてあります．
（1）　電気理論，電気回路に関するテーマを細分化して"**1ページごとにテーマを設定**"し，その学習の要点を明確にしてあります．
（2）　ページごとのテーマに対し，ページの上欄にテーマの内容を絵と図で詳細に示し，すべてのページを"**完全図解**"することにより，容易に理解できるようにしてあります．
　この本は，初めての人が段階的に理解できるように，まず電気理論を学習し，ここで得た知識を基に電気回路を習得できるよう，次のような内容になっています．
（1）　第1章は，完全イラストによる"**マンガ技法**"により，磁気理論について，磁気に関するクーロンの法則，磁界，磁位，磁力線，磁化線，磁束，B-H曲線，磁気回路のオームの法則，そして磁気抵抗について示してあります．
　　　また，論理回路について，基本となるAND回路，OR回路，NOT回路と，これらの組み合わせであるNAND回路，NOR回路，禁止回路，一致回路，排他的OR回路，自己保持回路，インタロック回路，そしてRSフリップフロップ回路について示してあります．
（2）　第2章は，静電気と静電力に関するクーロンの法則，電気抵抗と電流の発熱作用，ファラデーの電気分解の法則と電池の原理，電流の磁気作用とビオ・サバールの法則，電磁力とフレミングの左手の法則，起電力とフレミングの右手の法則，電磁誘導作用とファラデーの電磁誘導の法則，静電誘導と静電容量，コンデンサの直列接続・並列接続，磁気と磁気力に関するクーロンの法則，磁力線・磁化線・磁束，磁気回路のオームの法則，そして磁気抵抗の直列回路，並列回路について示してあります．
（3）　第3章は，電流・電圧・電気抵抗とオームの法則，抵抗の直列回路・並列回路と合成抵抗，直流回路の電力と電力量，正弦波交流起電力と瞬時値・平均値・実効値，交流の抵抗回路・コイル回路・コンデンサ回路とその組み合わせ回路，三相交流起電力と瞬時起電力，三相交流回路のスター結線・デルタ結線，交流回路の電力，そしてブリッジ回路について示してあります．

＊　　　　＊　　　　＊

　この本は，電気関連の資格を受験される方の入門参考書として，また，専門学校，高等専門学校，大学の在学生の学習書として，そして企業内の技術研修のテキストとして，多くの方に活用していただければ，筆者の最も喜びとするところです．

オーエス総合技術研究所　所長　**大浜　庄司**

完全図解 電気理論と電気回路の基礎知識 早わかり

目次

■ はじめに ……………………………………………………………………… 3

第1章 イラストで学ぶ 磁気理論と論理回路 …………………… 7

1-1 イラストで学ぶ 磁気理論 ……………………………………………… 8
1. 磁石の性質 …………………………………………………………… 8
2. 磁気に関するクーロンの法則 ……………………………………… 9
3. 磁界および磁界の強さ ……………………………………………… 10
4. 磁位と磁位差 ………………………………………………………… 11
5. 磁力線 ………………………………………………………………… 12
6. 磁化線 ………………………………………………………………… 13
7. 磁束 …………………………………………………………………… 14
8. 磁化率・比磁化率・透磁率・比透磁率 …………………………… 15
9. B-H 曲線とヒステリシスループ …………………………………… 16
10. 磁気回路 ……………………………………………………………… 17
11. 磁気回路のオームの法則 …………………………………………… 18
12. 磁気抵抗の直列回路・並列回路 …………………………………… 19
13. 磁気回路が用いられている機器 …………………………………… 20

1-2 イラストで学ぶ 論理回路 ……………………………………………… 21
1. 0信号・1信号で動作する論理回路 ………………………………… 21
2. "および"の入力条件で動作する AND 回路 ……………………… 22
3. "または"の入力条件で動作する OR 回路 ………………………… 23
4. 入力を否定する NOT 回路 ………………………………………… 24
5. AND 条件を否定する NAND 回路 ………………………………… 25
6. OR 条件を否定する NOR 回路 …………………………………… 26
7. 禁止入力が優先し出力を「0」にする禁止回路 …………………… 27
8. 入力信号が一致したとき出力が「1」になる一致回路 …………… 28
9. 入力信号が異なったとき出力が「1」になる排他的 OR 回路 …… 29
10. 出力信号で動作を保持する自己保持回路 ………………………… 30
11. 先行動作が優先するインタロック回路 …………………………… 31
12. 二つの安定状態をもつ RS フリップフロップ回路 ……………… 32

目 次

第2章 電気理論の基礎知識 ……………………………………………………… 33

1. 静電気の性質 ……………………………………………………………………… 34
正電気と負電気はどうして生じるのか／クーロンの法則とはどんな法則なのか／電界の強さはどう求めるのか／電気力線はどのような線なのか／電位とはどういうことなのか／電位差とはどういうことなのか

2. 電流の流れを妨げる電気抵抗 …………………………………………………… 40
電気抵抗とはどういうことなのか／電気抵抗は形状によってどう変わるのか／物質固有の電気抵抗はどう表すのか／温度によって金属の電気抵抗はどう変わるのか／物質は電流の流れ方でどう分けられるのか／電気抵抗を得るにはどうするのか

3. 抵抗は電流が流れると発熱する ………………………………………………… 46
抵抗に電流を流すとなぜ発熱するのか／ジュールの法則とはどのような法則なのか／なぜ，ジュールの法則が成り立つのか／消費電力量と発熱量はどのような関係にあるのか／ジュール熱はどう利用されているのか／ジュール熱にはどんな弊害があるのか

4. 電解により電解質は電気分解する ……………………………………………… 52
電解質は電解液内ではどうなるのか／電気分解とはどういうことなのか／ファラデーの電気分解の法則とはどういう法則なのか／電気めっきとはどういうことなのか／ボルタの電池とはどんな電池なのか／鉛蓄電池はどういう電池なのか

5. 電流が流れると磁界ができる …………………………………………………… 58
電流が流れる近くに磁針を置くとどうなるのか／直線電線に流れる電流はどのような磁界をつくるのか／電流によりコイルはどのような磁界をつくるのか／ビオ・サバールの法則とはどのような法則なのか／円形コイルの中心点の磁界はどう求めるのか／円形コイルの中心軸上の磁界の強さはどう求めるのか

6. 磁界中で電流が流れると力が働く ……………………………………………… 64
磁界中で電流が流れるとどうなるのか／電磁力の方向はどうすればわかるのか／電磁力の大きさはどう求めるのか／磁極から離れた点の磁界の強さはどう求めるのか／二つの電流相互間にはどういう力が働くのか／長方形コイルの電流にはどう力が働くのか

7. 磁界中で電線が動くと起電力を生ずる ………………………………………… 70
電磁誘導作用とはどんな現象なのか／起電力の方向はどう求めるのか／起電力の大きさはどう求めるのか／電線が角度 θ の方向に運動するときの起電力の大きさはどう求めるのか／交流発電機はどのようにして起電力を発生するのか／交流発電機はどのような起電力を誘導するのか

8. 磁束が変化すると起電力を生ずる ……………………………………………… 76
コイルと鎖交する磁束が変化するとどうなるのか／磁束鎖交数の変化による起電力の大きさはどうなるのか／磁束鎖交数の変化による起電力の向きはどうなるのか／コイル自身に電磁誘導は生ずるのか／二つのコイルに電磁誘導は生ずるのか／相互インダクタンスとはどういうものなのか

9. 静電誘導と静電容量 ……………………………………………………………… 82
電気力線は電荷から何本発するのか／電束はどのような線なのか／静電誘導とはどういうものなのか／平行板コンデンサに電圧を加えるとどうなるのか／静電容量にはどのような能力があるのか／平行板コンデンサの静電容量はどのように求めるのか

10. コンデンサの直列接続・並列接続 ……………………………………………… 88
コンデンサの直列接続とはどうつなぐのか／直列接続での各コンデンサに蓄えられる電荷量はどうなるのか／コンデンサ直列接続の合成静電容量はどう求めるのか／コンデンサ並列接続の合成静電容量はどう求めるのか／なぜ並列接続で合成静電容量が増加するのか／コンデンサの充電・放電とはどういうことなのか

11. 磁気の性質 ……………………………………………………………………… 94
磁石とはどういうものなのか／なぜ磁性体は磁石になるのか／なぜ磁石は鉄片を吸引するのか／2磁極間に働く力はどう求めるのか／磁界の強さはどう求めるのか／磁位とはどういうことなのか

12. 磁力線・磁化線・磁束・B-H 曲線 …………………………………………… 100
磁界はどのように表すのか／m〔Wb〕の磁石からは何本の磁力線が発生するのか／磁化の強さはどう表すのか／磁化線と磁束はどのような指力線なのか／磁界中で磁化された鉄の磁束密度はどう表すのか／磁界の強さが変化すると磁束密度はどう変わるのか

13. 磁気回路 ………………………………………………………………………… 106
磁気回路とはどのような回路なのか／起磁力とはどういうことなのか／磁気回路のオームの法則とはどういう法則なのか／磁気抵抗が直列の場合の合成磁気抵抗はどう求めるのか／磁気抵抗が並列の場合の合成磁気抵抗はどう求めるのか／磁気回路の演習問題

● 資料 ● 高圧油入変圧器の構造　― 磁気回路を用いた機器 ― ……………… 112

第3章 電気回路の基礎知識 … 113

1. 電流・電圧・電気抵抗の関係 … 114
直流と交流はどう違うのか／電流とは何が流れているのか／電圧とはどういうことなのか／電気抵抗は何に抵抗するのか／電流・電圧・電気抵抗にはどんな関係があるのか／オームの法則とはどんな法則なのか

2. 抵抗の直列回路・並列回路 … 120
電気回路はどんな構成になっているのか／乾電池はどんな働きをするのか／抵抗の直列回路はどうつなぐのか／直列回路の合成抵抗はどう求めるのか／抵抗の並列回路はどうつなぐのか／並列回路の合成抵抗はどう求めるのか

3. 直流回路の電力・電力量 … 126
電池はどのようにして電気を生み出すのか／電力量とはどういうものなのか／電力量はどういう式で表されるのか／電力はどういう式で表されるのか／抵抗で消費される電力と電力量はどう求めるのか／内部抵抗をもつ電源の端子電圧はどう求めるのか

4. 正弦波交流起電力 … 132
磁界中で電線を動かすとなぜ電気が生まれるのか／起電力の方向はどうすればわかるのか／起電力の大きさはどのようにして求めるのか／電線が角度 θ で直線運動したときの起電力はどうなるのか／電線が回転運動したときの起電力はどうなるのか／電線の回転運動による起電力を何というのか

5. 正弦波交流の瞬時値・平均値・実効値 … 138
正弦波交流起電力の瞬時値，最大値，ピークピーク値とはどういうことか／正弦波交流起電力の周波数は何を表すのか／正弦波交流起電力の平均値はどう求めるのか／交流の実効値は平均値とどんな関係があるのか／正弦波交流の実効値はどう求めるのか／交流の位相の進み遅れとはどういうことなのか

6. 交流の抵抗・コイル・コンデンサ回路 … 144
交流の抵抗回路では電流はどう流れるのか／コイルに交流電圧を加えると電流はどうなるのか／なぜ，コイル回路の電流は電圧より $\pi/2$ 遅れるのか／コンデンサに交流電圧を加えると電流はどうなるのか／なぜ，コンデンサ回路の電流は電圧より $\pi/2$ 進むのか／電圧・電流はどのように複素数表示するのか

7. 交流の組み合わせ回路 … 150
RL 直列回路の各端子電圧と全電圧の関係はどうなるのか／RL 直列回路の合成インピーダンスはどう求めるのか／RC 直列回路の各端子電圧と全電圧の関係はどうなるのか／RC 直列回路の合成インピーダンスはどう求めるのか／RLC 直列回路の各端子電圧と全電圧の関係はどうなるのか／RLC 直列回路の合成インピーダンスはどう求めるのか

8. 三相交流起電力 … 156
三相交流は単相交流とどう関係しているのか／導体Aの瞬時起電力はどうなるのか／導体BとCの瞬時起電力はどうなるのか／三相交流の相電圧とはどういう電圧なのか／対称三相交流起電力の瞬時値の和はどうなるのか／三相交流起電力のベクトル和はどうなるのか

9. 三相交流回路のスター結線 … 162
スター結線とはどういう結線なのか／スター結線の線間電圧とはどういう電圧なのか／スター結線の相電圧と線間電圧はどういう関係にあるのか／Y-Y 結線による三相4線式はどう配線するのか／Y-Y 結線による三相3線式はどう配線するのか／三相3線式 Y-Y 結線の電流はどう求めるのか

10. 三相交流回路のデルタ結線 … 168
デルタ結線とはどういう結線なのか／デルタ結線の線電流はどうなるのか／デルタ結線の相電流と線電流はどういう関係にあるのか／△-△ 結線による三相3線式はどう配線するのか／デルタ結線回路の起電力の和はいくらなのか／三相3線式 △-△ 結線の電流はどう求めるのか

11. 交流回路の電力 … 174
交流の抵抗回路での電力はどう求めるのか／誘導リアクタンスでの電力はどう求めるのか／RLC 直列回路の電力はどう求めるのか／三相回路の電力はどう求めるのか／平衡三相 Y-Y 結線の三相電力はどう求めるのか／平衡三相 △-△ 結線の三相電力はどう求めるのか

12. ブリッジ回路 … 180
ブリッジ回路とはどんな回路なのか／ブリッジ回路の平衡条件はどう求めるのか／ホイートストンブリッジにはどのような機能があるのか／ダブルブリッジにはどのような機能があるのか／コールラウシュブリッジにはどのような機能があるのか／マクスウェルブリッジ・キャパシタンスブリッジにはどんな機能があるのか

付録 キルヒホッフの法則を知る／直列共振回路 … 186

第1章

イラストで学ぶ
磁気理論と論理回路

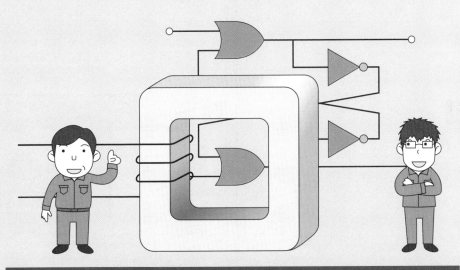

この章のねらい

　この章では,「磁気理論」および「論理回路」についての基礎知識を理解していただくために,完全イラストによる"マンガ技法"により説明してあります.

（1）　磁石にはN極とS極があること,磁極間にはクーロンの法則に基づく力が働き,磁極の周囲には磁界が生ずることを知りましょう.

（2）　磁界の状態を示す磁力線,磁化の状態を示す磁化線,そして磁束の考え方を学びましょう.

（3）　磁気回路でのオームの法則を知り,磁気回路における直列回路,並列回路での合成磁気抵抗を求めてみましょう.

（4）　基本論理回路である AND 回路,OR 回路,NOT 回路について,論理記号とその動作を理解しましょう.

（5）　基本論理回路を組み合わせた NAND 回路,NOR 回路,禁止回路,一致回路,排地的 OR 回路,自己保持回路,インタロック回路,そしてフリップフロップ回路について,回路図とともに,その動作を説明してあります.

1-1 イラストで学ぶ 磁気理論

1 磁石の性質

1
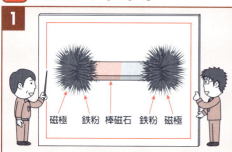

S：棒磁石に鉄粉を振りかけると，どうなりますか．
O：鉄粉は磁石の両端に近いところに多く集まって付着する性質があり，この両端の磁性の強い部分を磁極というのだよ．

2
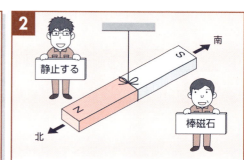

S：棒磁石の中心を糸で吊るすと，どうなりますか．
O：棒磁石の一端の磁極は北を向き，この磁極をN極というのだよ．また，他の南を向く磁極をS極というのだよ．

3
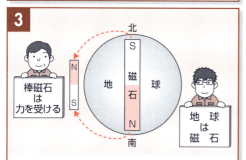

S：なぜ棒磁石は地球の北と南を向くのですか．
O：それは，地球そのものが，南極付近にN極，北極付近にS極をもつ大きな磁石といえるので，棒磁石がその力を受けるからだよ．

4
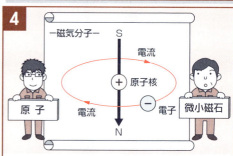

S：なぜ，磁石にはN極とS極が対であるのですか．
O：物質は，原子核を中心にした負電荷をもつ電子の円運動で電流を生じ，この電流の磁気作用でできる微小磁石，つまり磁気分子の集まりだからだよ．

5
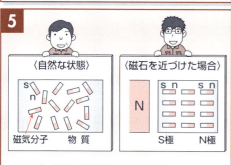

S：なぜ，磁石は磁極ができるのですか．
O：物質中の磁気分子nsが勝手な方向を向いていたのが，磁石を近づけるとその力で一列に並び，中間のnsは互いに打ち消され両端のnsが残るのだよ．

6
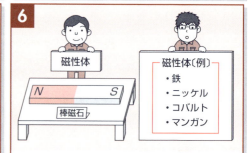

S：なぜ，すべての物質が磁石にならないのですか．
O：物質は磁化の程度に差があり，磁化が強い鉄，ニッケルなどを強磁性体，弱いものを弱磁性体といい，強磁性体が磁石に用いられるのだよ．

2 磁気に関するクーロンの法則

1

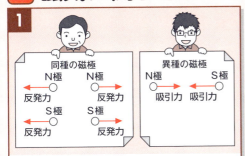

S：磁極はお互いにどのように作用するのですか．
O：N極とN極，S極とS極を近づけると反発し，N極とS極を近づけると吸引する磁気力が働くよ．
S：同種の磁極は反発力，異種の磁極は吸引力ですね．

2

磁気に関するクーロンの法則

- 二つの点磁極間に作用する磁気力は，その磁極の強さの相乗積に比例し，相互の距離の2乗に反比例する．

S：どのような力が働くのですか．
O：二つの点磁極間に作用する磁気力は，その磁極の強さの相乗積に比例し，相互の距離の2乗に反比例するのが磁気に関するクーロンの法則だよ．

3

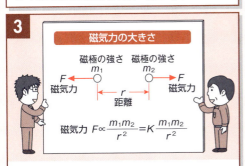

S：磁極間に働く磁気力の大きさはどうなりますか．
O：m_1，m_2の強さをもつ二つの点磁極を真空中にrの距離を隔てて置くと相互間に働く力の大きさFは，比例定数をKとすると $F = K \cdot m_1 \cdot m_2 / r^2$ だよ．

4

比例定数 K の値（真空中）

$$K = \frac{1}{4\pi\mu_0} = \frac{1}{4\pi \times 4\pi \times 10^{-7}}$$
$$\fallingdotseq \frac{1}{4 \times 3.14 \times 4 \times 3.14 \times 10^{-7}}$$
$$\fallingdotseq 6.33 \times 10^4$$

ただし $\mu_0 = 4\pi \times 10^{-7}$ 〔H/m〕

S：比例定数Kはどんな値ですか．
O：力の単位をニュートン〔N〕，距離をメートル〔m〕，磁極の強さをウェーバ〔Wb〕とすれば，真空中では $K = 1/4\pi\mu_0 \fallingdotseq 6.33 \times 10^4$ だよ．

5

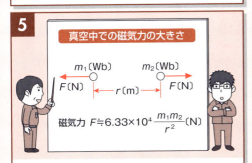

S：μ_0（ミューゼロ）は真空中の透磁率で $\mu_0 = 4\pi \times 10^{-7} = 1.257 \times 10^{-6}$ 〔H/m〕ですね．
O：磁気力Fは $F = K\frac{m_1 m_2}{r^2} \fallingdotseq 6.33 \times 10^4 \frac{m_1 m_2}{r^2}$ 〔N〕

6

透磁率 μ での磁気力の大きさ

$$磁気力\ F = \frac{1}{4\pi\mu} \cdot \frac{m_1 m_2}{r^2}$$

ただし
$\mu = \mu_0 \mu_r$
μ_r は
比透磁率

$$= \frac{1}{4\pi\mu_0} \cdot \frac{m_1 m_2}{\mu_r r^2}$$
$$\fallingdotseq 6.33 \times 10^4 \frac{m_1 m_2}{\mu_r r^2}$$〔N〕

S：真空中以外の媒質の中では，どうなりますか．
O：媒質の透磁率μ，比透磁率μ_rとすると $\mu = \mu_0 \mu_r$
$F = \frac{1}{4\pi\mu} \cdot \frac{m_1 m_2}{r^2} \fallingdotseq 6.33 \times 10^4 \times \frac{m_1 m_2}{\mu_r r^2}$ 〔N〕

3 磁界および磁界の強さ

1

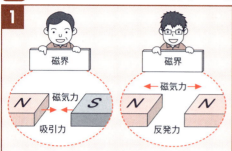

S：磁石の磁極の近くに他の磁石の磁極を置くと，磁気力が働きますね．
O：このように，磁石の磁極による磁気力の作用が及ぶ空間を磁界というのだよ．

2

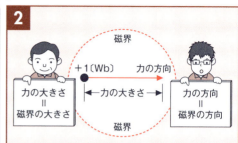

S：それでは，磁界の強さとはどういうことですか．
O：磁界中の任意の1点に単位正磁極+1〔Wb〕をもってきたとき，これに作用する力の大きさが磁界の大きさで，力の方向が磁界の方向なのだよ．

3

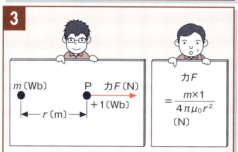

S：では，m〔Wb〕の点磁極からr〔m〕離れたP点の真空中の磁界の強さは，どう求めるのですか．
O：P点に単位正磁極+1〔Wb〕を置くと，クーロンの法則から力Fは $F = m \times 1/4\pi\mu_0 r^2$〔N〕だよ．

4

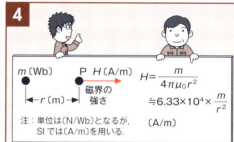

注：単位は〔N/Wb〕となるが，SIでは〔A/m〕を用いる．

S：磁界の強さは単位正磁極に働く力の大きさですね．
O：だから，磁界の強さHは先に求めた力Fに等しく，
$H = \dfrac{m}{4\pi\mu_0 r^2} \fallingdotseq 6.33 \times 10^4 \times \dfrac{m}{r^2}$〔A/m〕だよ．

5

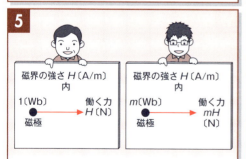

S：ということは，ある点の磁界の強さがH〔A/m〕なら，その点に1〔Wb〕の磁極を置けば，H〔N〕の力が生ずるのですね．
O：m〔Wb〕の磁極を置けば働く力は，mH〔N〕だよ．

6

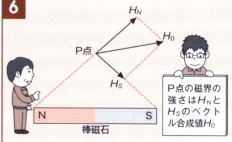

S：棒磁石の周囲の磁界は，どう求めるのですか．
O：棒磁石のN極によって生ずる磁界の強さH_Nと，S極によって生ずる磁界の強さH_Sをベクトル合成したH_0がその点の磁界の強さだよ．

4 磁位と磁位差

1
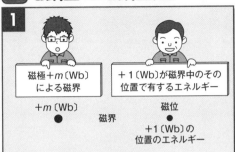

S：磁位とはどういうことですか．
O：ある点の磁位とは，その点での単位正磁極+1〔Wb〕のもつ磁気の位置のエネルギーをいうのだよ．
S：磁位は，電気の場合の電位に相当するのですね．

2
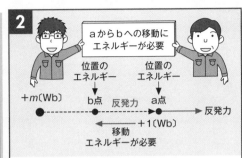

S：磁気の位置のエネルギーとはどういうことですか．
O：磁界中のa点の単位正磁極には，クーロンの法則による反発力が生じ，その反発力に抗してb点に移動するにはエネルギーが必要ということだよ．

3
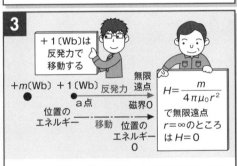

S：a点の単位正磁極がそのままだとどうなりますか．
O：単位正磁極は反発力によって磁界の強さが0の無限遠点まで移動してa点でもっている位置のエネルギーの全部を放出することになるよ．

4
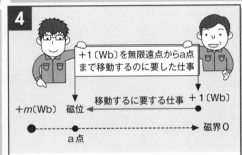

S：磁界中のa点の磁位は，磁界の強さが0の無限遠点から単位正磁極を磁界の方向に抗して移動するのに要する仕事の量〔J/Wb〕のことですね．
O：磁位の単位は，アンペア〔A〕を用いるのだよ．

5
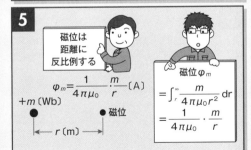

S：+m〔Wb〕の磁極からr〔m〕離れた磁界Hでの磁位φ_mは，どう求めるのですか．
O：難しくなるが，磁界Hをrから∞まで積分して，磁位は$m/4\pi\mu_0 r$〔A〕ということになるのだよ．

6
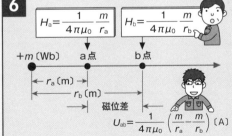

S：磁界中のa点とb点の磁位差はどうなりますか．
O：a点の磁位が$m/4\pi\mu_0 r_a$，b点の磁位が$m/4\pi\mu_0 r_b$だから磁位差$U_{ab}=\frac{1}{4\pi\mu_0}\left(\frac{m}{r_a}-\frac{m}{r_b}\right)$だよ．

5 磁力線

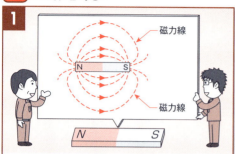

S：磁石の磁極による磁界の状態を表すには，どうすればよいのですか．
O：磁石のN極から出てS極に終わる両磁極間を連絡する指線として磁力線を用いて表すとよい．

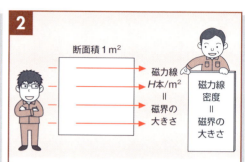

S：それでは，磁界の大きさは，どうするのですか．
O：磁力線に直角な1m²の断面を通る磁力線の本数が磁界の大きさに等しいとするのだよ．
S：磁力線密度が磁界の大きさなのですね．

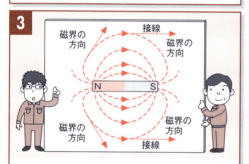

S：磁界の方向は，どうするのですか．
O：磁力線の接線の方向が磁界の方向とするのだよ．
S：磁力線は互いに交差することはないのですね．
O：交差点では接線の方向が二つでき不合理だからね．

S：磁力線には，どのような性質をもたせるのですか．
O：磁力線は，ゴムひものように縮もうとする性質と，磁力線相互では反発する力が生ずるような性質をもつものと仮定するのだよ．

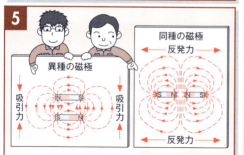

S：それでは二つの磁石での磁力線はどうなりますか．
O：異種の磁極間では，磁力線が縮もうとして二つの磁極が吸引し，同種の磁極間では，磁力線相互で反発し，二つの磁極が反発し合うのだよ．

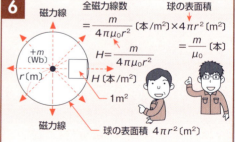

S：$+m$〔Wb〕の磁極から出る磁力線は何本ですか．
O：$+m$〔Wb〕の磁極を中心に半径r〔m〕の球面の磁界の強さHが1m²当たりの磁力線数だから，全本数はこれに球の表面積を掛けたm/μ_0本だよ．

6 磁化線

1
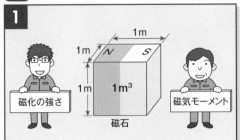

S：磁石の内部の磁化の状態はどう表すのですか．
O：磁化の強さといって，磁石の単位体積1m³当たりの磁気モーメントで表すのだよ．
S：磁石は分割しても磁化の性質があるからですね．

2
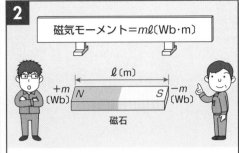

磁気モーメント＝$m\ell$〔Wb・m〕

S：磁気モーメントとは，どういうものですか．
O：磁極の強さmと磁極間の距離ℓとの積$m\ell$を磁石の磁気モーメントというのだよ．
S：実際の磁石はS極とN極が対になってますからね．

3
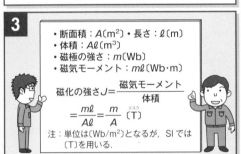

- 断面積：A〔m²〕・長さ：ℓ〔m〕
- 体積：$A\ell$〔m³〕
- 磁極の強さ：m〔Wb〕
- 磁気モーメント：$m\ell$〔Wb・m〕

磁化の強さ $J = \dfrac{磁気モーメント}{体積} = \dfrac{m\ell}{A\ell} = \dfrac{m}{A}$〔T〕

注：単位は〔Wb/m²〕となるが，SIでは〔T〕を用いる．

S：磁化の強さJは，磁石の磁気モーメントを磁石の体積で割った値ですね．
O：磁化の強さJは1m²当たりの磁極の強さで磁極密度と同じとなり，単位は〔T〕だよ．

4

磁化の強さ ＝ 磁化線密度

S：それでは磁石の磁化の状態はどう表すのですか．
O：磁化線といって，磁石の内部でS極から発生しN極に終わる線とし，磁化の強さと磁化線の密度は等しいとするのだよ．

5
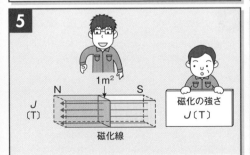

O：磁石の磁化の強さがJ〔T〕だと，1m²当たり垂直にJ〔Wb〕の磁化線が，S極から出てN極に終わるということだよ．
S：磁石内部は磁化線，外部は磁力線で表すのですね．

6
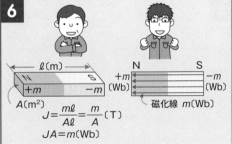

$J = \dfrac{m\ell}{A\ell} = \dfrac{m}{A}$〔T〕
$JA = m$〔Wb〕

S：磁極の強さがm〔Wb〕の磁石ではどうなりますか．
O：磁極の強さm〔Wb〕で断面積A〔m²〕の磁石では，$JA=m$〔Wb〕だから，S極からN極にm〔Wb〕の磁化線が通っているということだよ．

7 磁束

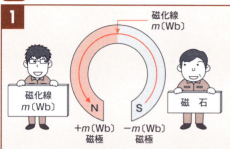

S：磁石の内部ではS極から発生しN極に終わる磁化線が通っているのですね。
O：磁極の強さがm〔Wb〕の磁石では，m〔Wb〕の磁化線がS極から出てN極に終わるのだよ。

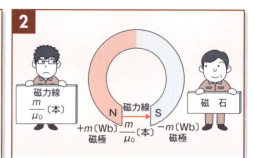

S：磁石の外部ではN極から発生しS極に終わる磁力線が通っているのですね。
O：磁極の強さがm〔Wb〕の磁石では，m/μ_0〔本〕の磁力線がN極から出てS極に終わるのだよ。

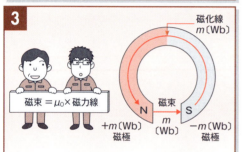

S：磁石内部でS極からN極にm〔Wb〕の磁化線が，外部でN極からS極にm/μ_0の磁力線が通りますね。
O：磁石の外部で磁力線のμ_0倍の力線を考えると磁化線と同じ数になり，この力線を磁束というのだよ。

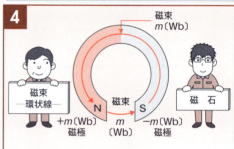

S：磁束の単位は磁化線と同じ〔Wb〕ですね。
O：m〔Wb〕の磁石では，m〔Wb〕の磁束がN極から外部に出てS極に入り，内部でS極からN極に戻って磁石の内外で1周する環状線となるのだよ。

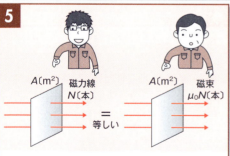

O：A〔m²〕の面に垂直にN本の磁力線が通っているところを通る磁束をϕ〔Wb〕とすれば$\phi=\mu_0 N$になるよ。
S：1m²当たりでは$\phi/A=\mu_0\cdot N/A$ですね。
O：この1m²に垂直に通るϕ/Aが磁束密度だよ。

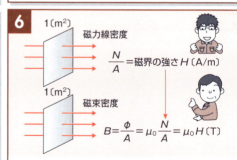

S：磁束密度の記号はBで，単位は〔T〕ですね。
O：N/Aは磁力線密度で，磁力線密度は磁界の強さH〔A/m〕だから，$\phi/A=\mu_0\cdot N/A$は
$B=\mu_0 H$〔T〕になるよ。

8 磁化率・比磁化率・透磁率・比透磁率

1
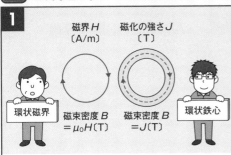

S：磁界の強さがH〔A/m〕の環状磁界の磁力線密度はH〔本/m²〕だから磁束密度Bは$\mu_0 H$〔T〕ですね．
O：ここに環状鉄心を置けば磁化され，磁化の強さをJとすれば，磁束密度BはJ〔T〕になるよ．

2
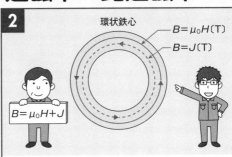

O：環状鉄心の磁束密度Bは磁界の強さによる$\mu_0 H$〔T〕と磁化の強さによるJ〔T〕の和になるのだよ．
S：つまり，環状鉄心中の磁束密度Bは$B = \mu_0 H + J$〔T〕ということですね．

3
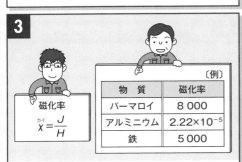

物　質	磁化率
パーマロイ	8 000
アルミニウム	2.22×10^{-5}
鉄	5 000

磁化率 $\chi = \dfrac{J}{H}$

O：磁化の強さJは磁界の強さHに比例するから比例定数をχ（磁化率）とすれば　$J = \chi H$　となるよ．
S：$B = \mu_0 H + J$ に $J = \chi H$ を代入すると $B = \mu_0 H + \chi H = (\mu_0 + \chi)H$ になりますね．

4
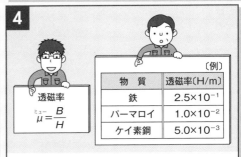

物　質	透磁率〔H/m〕
鉄	2.5×10^{-1}
パーマロイ	1.0×10^{-2}
ケイ素鋼	5.0×10^{-3}

透磁率 $\mu = \dfrac{B}{H}$

O：物質を磁化する場合，磁界の強さHに対する磁束密度Bの割合を透磁率μというのだよ．
S：透磁率μは$\mu = B/H$で単位はヘンリー／メートル〔H/m〕，磁束密度Bは　$B = \mu H$　ですね．

5

透磁率 $\mu = \mu_0 + \chi$

・透磁率は，物質が磁化された場合，その物質の中の磁界の強さに対して単位面積当たり，いかに多くの磁束を生ずるかを表す割合をいう．

O：$B = (\mu_0 + \chi)H$ と $B = \mu H$ は等しいので $B = (\mu_0 + \chi)H = \mu H$となり，$\mu = \mu_0 + \chi$ だよ．
S：μ_0は真空中の透磁率といい，$\mu_0 = 4\pi \times 10^{-7}$〔H/m〕ですね．

6

物　質	比透磁率
鉄	2×10^5
パーマロイ	8×10^3
ケイ素鋼	4×10^3

比透磁率 $\mu_s = \dfrac{\mu}{\mu_0}$

O：物質の透磁率μの真空中の透磁率μ_0との比を比透磁率μ_sというのだよ．
S：$\mu_s = \mu/\mu_0 = (\mu_0 + \chi)/\mu_0 = 1 + \chi/\mu_0$ で，χ/μ_0を比磁化率というのですね．

● 現場技術者のためのイラスト日誌

9 B-H曲線とヒステリシスループ

1
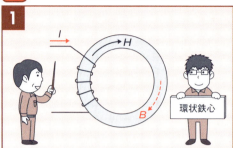

S：環状鉄心に巻いたコイルに電流を流したときの磁界の強さHと磁束密度Bとの関係はどうなりますか.
O：磁界の強さHが小さいと磁束密度Bは大きく増えるが, Hがある値になるとBはほぼ一定になるよ.

2
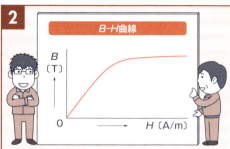

S：磁界の強さHを増しても磁束密度Bがほぼ変わらない現象を磁気飽和というのですね.
O：この曲線を磁束密度Bと磁界の強さHとの関係なのでB-H曲線また磁化曲線, 飽和曲線ともいうよ.

3
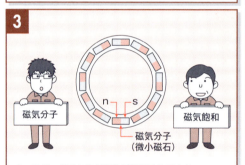

S：なぜ, このような現象が起こるのですか.
O：磁界の強さの増加に従って一定の方向に配列する磁気分子の数と磁束密度は次第に増すが, 全部配列すると磁束密度はそれ以上増えないのだよ.

4
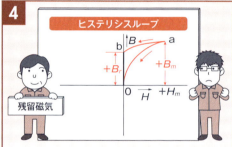

O：B-H曲線で磁界の強さH_mで磁束密度B_mになったa点でコイルの電流を減らしてabの曲線となり, 磁界の強さが0でも磁束密度B_rが残るのだよ.
S：この磁束密度B_rを残留磁気というのですね.

5
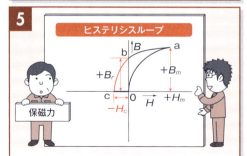

S：電流の方向を逆にして磁界の強さを反対側の$-H_c$まで増すと磁束密度が0になりますね.
O：磁界の強さ$-H_c$はHが0のとき保持していた磁化の強さを打ち消すのに要したので保磁力というよ.

6
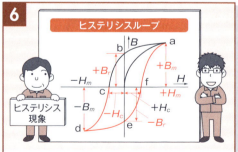

O：さらに磁界の強さを増し$-H_m$で磁束密度$-B_m$, この点から磁界の強さの向きを逆にしHが0で磁束密度$-B_r$, 磁界の強さ$+H_m$で磁束密度B_mで元に戻るよ.
S：この一連の現象がヒステリシス現象ですね.

16

10 磁気回路

1
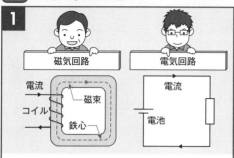

- S：磁気回路について教えていただけますか．
- O：環状の鉄心にコイルを巻き電流を流すと，右ねじの法則により磁束が発生し，この磁束が鉄心内を主として通る閉回路を磁気回路というのだよ．

2
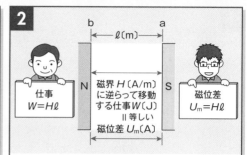

- S：H〔A/m〕の平等磁界内で1〔Wb〕の磁極をS極aからN極bまでℓ〔m〕移動させると，常にH〔N〕の力を受けるので，仕事Wは$W=H\ell$〔J〕ですね．
- O：この仕事Wがa点とb点の磁位差U_mなのだよ．

3
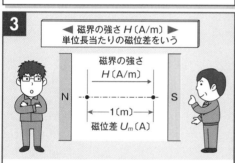

- S：磁位差$U_m=H\ell$〔A〕ということは，磁界の強さHは$H=U_m/\ell$〔A/m〕になるので，磁界の強さHは単位長当たりの磁位差ということですね．
- O：磁界の強さは単位長当たりの磁位降下に等しいよ．

4
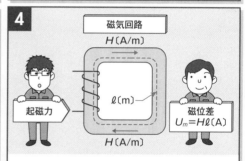

- S：環状鉄心による磁気回路全体の長さがℓ〔m〕ならば，磁気回路全体の磁位差は$H\ell$〔A〕ですね．
- O：全体の磁気差は鉄心に巻いたコイルに流れる電流によって与えられるので，起磁力というのだよ．

5
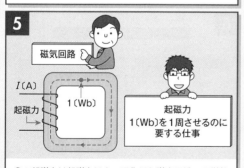

- O：起磁力は起磁力によって生じた磁束に沿って単位正磁極（1〔Wb〕）を1周させるのに要する仕事だよ．
- S：起磁力は磁束を発生する能力のことで，電気回路の起電力と電流の関係と同じですね．

6
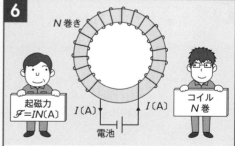

- O：環状鉄心にコイルをN巻き，電流をI〔A〕流した状態で単位正磁極（1〔Wb〕）を1周させる仕事Wは1巻きでI〔J〕，N巻きでは$W=IN$〔J/Wb〕だよ．
- S：起磁力$\mathscr{F}$は定義により$\mathscr{F}=IN$〔A〕ですね．

● 現場技術者のためのイラスト日誌

11 磁気回路のオームの法則

1

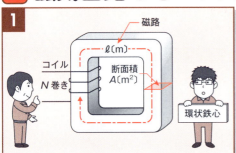

S：磁気回路のオームの法則について教えてください．
O：N 巻きのコイルを巻いた断面積 A [m²]，磁路の長さ ℓ [m]，透磁率 μ [H/m] の環状鉄心でオームの法則を考えてみようかね．

2

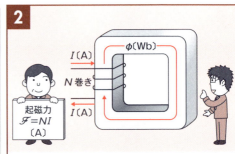

S：環状鉄心のコイルに I [A] の電流を流すと，右ねじの法則により磁束 ϕ [Wb] が環状に通りますね．
O：環状鉄心の起磁力 $\mathcal{F}$ [A] はコイルの巻数が N 巻きで，電流が I [A] だから $\mathcal{F}=NI$ [A] だよ．

3

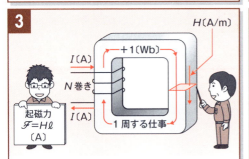

S：起磁力は $+1$ [Wb] が 1 周する仕事ですね．
O：環状鉄心内の磁界の強さを H [A/m] とすれば $+1$ [Wb] には H [N] の力が働くから全周 ℓ [m] を 1 周する仕事 $H\ell$ が起磁力 $\mathcal{F}$ [A] だよ．

4

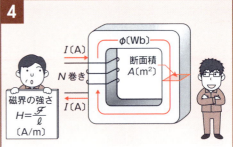

S：起磁力 $\mathcal{F}=H\ell$ だと $H=\mathcal{F}/\ell$ となり，また，$\mathcal{F}=NI$ だから，$H=NI/\ell$ [A/m] になりますね．
O：磁束密度を B [T] とすれば，$B=\mu H$ で，磁束 ϕ は磁束密度 B と断面積 A の積 $\phi=BA$ だよ．

5

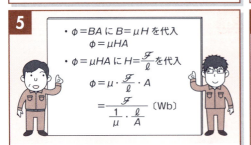

・$\phi=BA$ に $B=\mu H$ を代入
　　$\phi=\mu HA$
・$\phi=\mu HA$ に $H=\dfrac{\mathcal{F}}{\ell}$ を代入
　　$\phi=\mu \cdot \dfrac{\mathcal{F}}{\ell} \cdot A$
　　　$=\dfrac{\mathcal{F}}{\dfrac{1}{\mu} \cdot \dfrac{\ell}{A}}$ [Wb]

S：$\phi=BA$ に $B=\mu H$ を代入すると $\phi=\mu HA$，そして $H=\mathcal{F}/\ell$ だから $\phi=\mu \cdot \mathcal{F}/\ell \cdot A$ ですね．
O：$\phi=\mu \cdot \mathcal{F}/\ell \cdot A$ を変形すると $\phi=\dfrac{\mathcal{F}}{1/\mu \cdot \ell/A}$ となるよ．

6

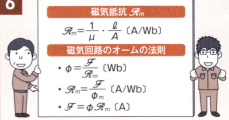

磁気抵抗 $\mathcal{R}_m$
　$\mathcal{R}_m = \dfrac{1}{\mu} \cdot \dfrac{\ell}{A}$ [A/Wb]

磁気回路のオームの法則
・$\phi = \dfrac{\mathcal{F}}{\mathcal{R}_m}$ [Wb]
・$\mathcal{R}_m = \dfrac{\mathcal{F}}{\phi_m}$ [A/Wb]
・$\mathcal{F} = \phi \mathcal{R}_m$ [A]

S：$\phi=\mathcal{F}/1/\mu \cdot \ell/A$ の分母 $\dfrac{1}{\mu} \cdot \dfrac{\ell}{A}$ [A/Wb] が磁気抵抗 $\mathcal{R}_m$ ですね．
O：$\phi=\mathcal{F}/\mathcal{R}_m$，$\mathcal{F}=\phi \mathcal{R}_m$，$\mathcal{R}_m=\mathcal{F}/\phi_m$ で表れるのが，磁気回路のオームの法則だよ．

12 磁気抵抗の直列回路・並列回路

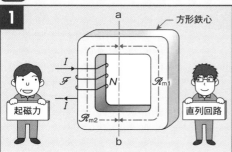

S：方形鉄心で磁気抵抗$\mathscr{R}_{m1}$と磁気抵抗$\mathscr{R}_{m2}$の直列回路の場合の合成磁気抵抗$\mathscr{R}_m$を教えてください．
O：方形鉄心にN巻きのコイルを巻き電流Iを流すと起磁力$\mathscr{F}$により磁束ϕが鉄心を通るとしよう．

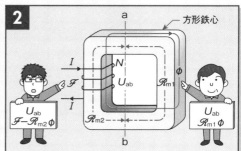

S：方形鉄心でのab間の磁位差U_{ab}は磁気抵抗$\mathscr{R}_{m1}$の磁位降下$\mathscr{R}_{m1}\phi$で$U_{ab}=\mathscr{R}_{m1}\phi$ですね．
O：また磁位差U_{ab}は起磁力$\mathscr{F}$から磁気抵抗$\mathscr{R}_{m2}$の磁位降下$\mathscr{R}_{m2}\phi$を引いた$U_{ab}=\mathscr{F}-\mathscr{R}_{m2}\phi$だよ．

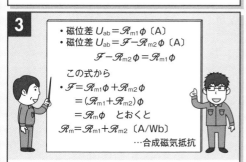

- 磁位差 $U_{ab}=\mathscr{R}_{m1}\phi$〔A〕
- 磁位差 $U_{ab}=\mathscr{F}-\mathscr{R}_{m2}\phi$〔A〕

$$\mathscr{F}-\mathscr{R}_{m2}\phi=\mathscr{R}_{m1}\phi$$

この式から
- $\mathscr{F}=\mathscr{R}_{m1}\phi+\mathscr{R}_{m2}\phi$
$\quad=(\mathscr{R}_{m1}+\mathscr{R}_{m2})\phi$
$\quad=\mathscr{R}_m\phi$ とおくと

$\mathscr{R}_m=\mathscr{R}_{m1}+\mathscr{R}_{m2}$〔A/Wb〕
　　　　　　　…合成磁気抵抗

O：U_{ab}は同じだから$\mathscr{F}-\mathscr{R}_{m2}\phi=\mathscr{R}_{m1}\phi$となって$\mathscr{F}=\mathscr{R}_{m1}\phi+\mathscr{R}_{m2}\phi=(\mathscr{R}_{m1}+\mathscr{R}_{m2})\phi$，この式を一つの磁気抵抗$\mathscr{R}_m$で表すと$\mathscr{F}=\mathscr{R}_m\phi$で，$\mathscr{R}_m=\mathscr{R}_{m1}+\mathscr{R}_{m2}$だよ．この$\mathscr{R}_m$が合成磁気抵抗だよ．

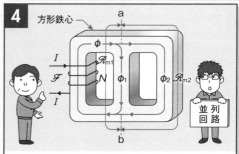

S：方形鉄心で磁気抵抗$\mathscr{R}_{m1}$と磁気抵抗$\mathscr{R}_{m2}$が並列回路の部分の合成磁気抵抗$\mathscr{R}_m$を教えてください．
O：起磁力$\mathscr{F}$による磁束ϕのうちϕ_1が磁気抵抗$\mathscr{R}_{m1}$に分岐し，ϕ_2が磁気抵抗$\mathscr{R}_{m2}$に分岐したとしよう．

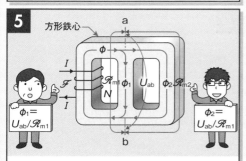

S：ab間の磁位差をU_{ab}とすると磁束ϕ_1は$\phi_1=U_{ab}/\mathscr{R}_{m1}$，また磁束$\phi_2$は$\phi_2=U_{ab}/\mathscr{R}_{m2}$ですね．
O：磁束ϕは$\phi=\phi_1+\phi_2$だから$\phi=U_{ab}/\mathscr{R}_{m1}+U_{ab}/\mathscr{R}_{m2}=(1/\mathscr{R}_{m1}+1/\mathscr{R}_{m2})U_{ab}$になるよ．

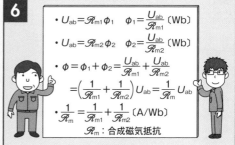

- $U_{ab}=\mathscr{R}_{m1}\phi_1 \quad \phi_1=\dfrac{U_{ab}}{\mathscr{R}_{m1}}$〔Wb〕
- $U_{ab}=\mathscr{R}_{m2}\phi_2 \quad \phi_2=\dfrac{U_{ab}}{\mathscr{R}_{m2}}$〔Wb〕
- $\phi=\phi_1+\phi_2=\dfrac{U_{ab}}{\mathscr{R}_{m1}}+\dfrac{U_{ab}}{\mathscr{R}_{m2}}$
$\quad=\left(\dfrac{1}{\mathscr{R}_{m1}}+\dfrac{1}{\mathscr{R}_{m2}}\right)U_{ab}=\dfrac{1}{\mathscr{R}_m}U_{ab}$
- $\dfrac{1}{\mathscr{R}_m}=\dfrac{1}{\mathscr{R}_{m1}}+\dfrac{1}{\mathscr{R}_{m2}}$〔A/Wb〕

$\mathscr{R}_m$：合成磁気抵抗

O：$\phi=(1/\mathscr{R}_{m1}+1/\mathscr{R}_{m2})U_{ab}$の式を一つの磁気抵抗$\mathscr{R}_m$で表すと，$\phi=1/\mathscr{R}_m\cdot U_{ab}$となるよ．
S：この$1/\mathscr{R}_m=1/\mathscr{R}_{m1}+1/\mathscr{R}_{m2}$の$\mathscr{R}_m$が並列回路の部分の合成磁気抵抗なのですね．

13 磁気回路が用いられている機器

1
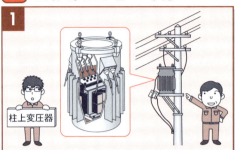

S：磁気回路は，どのような機器に用いられているのですか．
O：そうだな，よく街中で見かける電柱にある柱上変圧器がそうだよ．

2
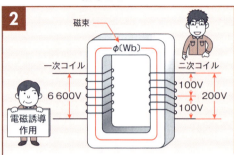

S：変圧器は鉄心に一次巻線と二次巻線がありますね．
O：柱上変圧器は一次巻線に高圧6 600 Vを加えると鉄心中の磁束が変化し，相互誘導作用によって二次巻線に低圧200V/100Vが生ずるのだよ．

3
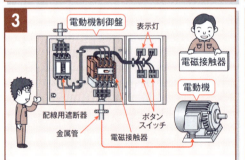

S：磁気回路を用いた機器には，他に何がありますか．
O：うん，電気回路を開閉する電磁接触器かな．
S：よく電動機の制御盤などに組み込まれ，主回路の開閉に用いられる開閉器ですね．

4
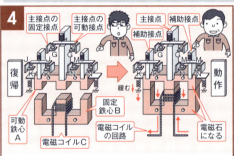

S：電磁接触器は固定鉄心にコイルが巻かれ，可動鉄心に主接点と補助接点が取り付けてありますね．
O：コイルに電流を流すと，固定鉄心が電磁石になって可動鉄心を吸引して接点が閉じるのだよ．

5
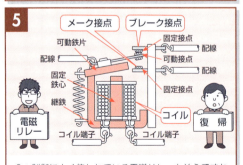

S：制御によく使われている電磁リレーもそうですね．
O：電磁リレーは固定鉄心にコイルが巻いてあり，固定接点のメーク接点とブレーク接点が可動鉄片に取り付けた可動接点を共有した構造なのだよ．

6
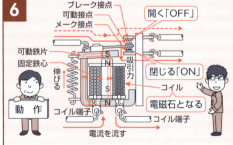

O：コイルに電流を流すと固定鉄心が磁石となり，磁気回路を形成して可動鉄片を吸引するのですね．
S：可動鉄片とともに可動接点が下方に力を受け，ブレーク接点が開き，メーク接点が閉じるのだよ．

1-2 イラストで学ぶ 論理回路

1 0信号・1信号で動作する論理回路

1

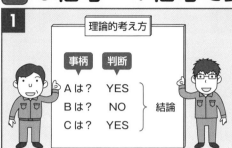

S：論理回路の論理とは，どういうことですか．
O：論理とはロジックともいい，筋道の通った考え方で，一つひとつの事柄をYESかNOで判断しながら結論を導く考え方と思えばよいのかな．

2

O：たとえばこの動物は歩くのが速いか，NO，硬い甲羅をもっているか，YES，浦島太郎の昔話に出てくるか，YES，それではその動物は．
S：わかりました．亀ですね．

3

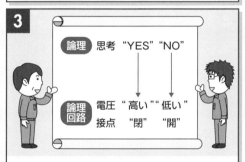

S：電気の制御では接点が閉か開，電圧が高いか低いかなど二つの区別される信号で行われていますね．
O：この電気的に区別される二つの信号を，論理のYES，NOに対応させたのが論理回路なのだよ．

4

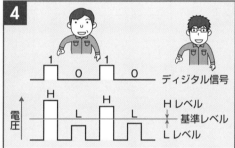

O：ある基準レベルより高い電圧をHとして1信号，低い電圧をLとし0信号とするのだよ．
S：この0と1をディジタル信号というのですね．
O：2値信号といって二つの異なる状態を表すのだよ．

5

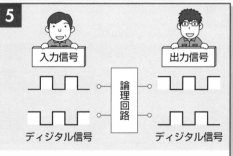

S：このディジタル信号を扱う回路を論理回路またはディジタル回路ともいうのですね．
O：論理回路を構成する素子を論理素子といい，いろいろな論理機能をもつ素子があるのだよ．

6

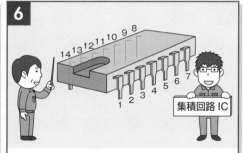

O：回路を集積化して一つの論理機能をパッケージに納めたICが論理素子に多く用いられているよ．
S：ICとは集積回路といってIntegrated Circuitの略ですね．

2 "および"の入力条件で動作するAND回路

1

O：論理回路における最も基本的な論理素子には，AND回路，OR回路，NOT回路があり，これら三つを基本論理回路というのだよ．
S：論理回路は基本論理回路の組み合わせですね．

2
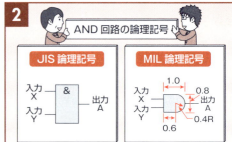

S：論理回路の図記号を教えていただけますか．
O：論理回路の図記号には日本工業規格 JIS C 0617 電気用図記号の論理図記号と，通称 MIL 論理図記号があるのだよ．MILとは米軍のことだよ．

3
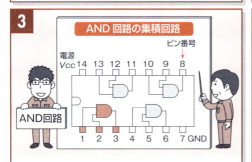

S：AND回路の集積回路はどうなっていますか．
O：1個の集積回路のパッケージに，2入力のAND論理素子が4回路分納められているのだよ．
S：上図では1と2ピンが入力で3ピンが出力ですね．

4
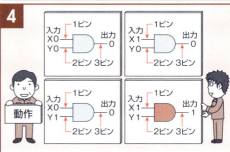

S：AND回路はどう動作するのですか．
O：二つの入力X，YのAND回路でXおよびYが両方とも1信号のとき出力Aが1信号になり，その他の入力では出力が0信号になるのだよ．

5

O：入力条件XおよびYの"**および**"を英語で"**AND**"というのでこの回路をAND回路というのだよ．
S：その入力信号と出力信号の関係を表として示したのがAND回路の動作表ですね．

6
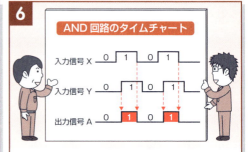

O：動作表で入力信号XとYをかけ算すると出力信号Aになるので，**論理積回路**ともいうのだよ．
S：時間軸に対する動作を表したのが，AND回路のタイムチャートですね．

3 "または"の入力条件で動作するOR回路

1

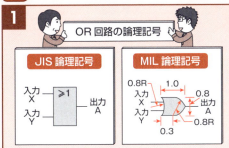

S：OR回路の図記号を教えてください．
O：OR回路の図記号も，日本工業規格JIS C 0617の論理図記号とMIL論理図記号があるよ．
S：MIL論理図記号の数値は寸法割合を示すのですね．

2

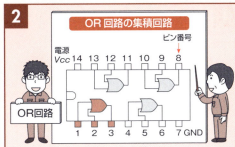

S：OR回路の集積回路はどうなっていますか．
O：1個の集積回路のパッケージに2入力のOR論理素子が4回路分納められているのだよ．
S：たとえば1と2ピンが入力で3ピンが出力ですね．

3

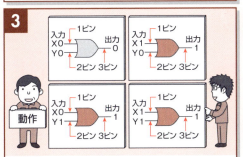

S：では，OR回路はどのように動作するのですか．
O：二つの入力X，YのOR回路でXまたはYのどちらかか，両方が1信号のとき出力信号が1信号になり，その他の入力では出力が0信号なのだよ．

4

O：入力条件XまたはYの"**または**"を英語で"**OR**"というので，この回路をOR回路というのだよ．
S：その入力信号と出力信号の関係を表として示したのが，OR回路の動作表ですね．

5

O：OR回路の動作表で入力信号XとYとの和が，出力信号になるので，**論理和回路**ともいうのだよ．
S：ということは，0＋0＝0，1＋0＝1，そして2進法なので1＋1＝1なのですね．

6

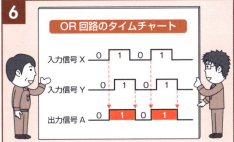

O：時間軸に対する動作を表したのが，OR回路のタイムチャートだよ．
S：入力信号XとYのどちらかか，両方が1信号のときに出力信号が1信号になるのがわかりますね．

23

④ 入力を否定する NOT 回路

1
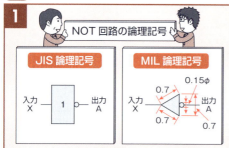

S：NOT回路の図記号はどう書くのですか．
O：そうだな，NOT回路についても，日本工業規格 JIS C 0617 の論理図記号と，MIL 論理図記号があるのだよ．

2
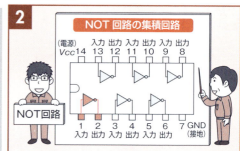

S：NOT回路の集積回路はどうなっていますか．
O：1個の集積回路のパッケージに，NOT論理素子が6回路分納められているのだよ．
S：たとえば1ピンが入力で2ピンが出力ですね．

3
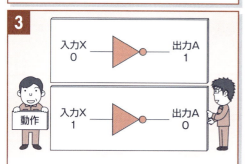

S：では，NOT回路はどのように動作するのですか．
O：入力信号Xが0信号のとき，出力信号Aが1信号になり，入力信号Xが1信号のとき，出力信号が0信号になるのだよ．

4

O：入力信号を反転し否定した出力信号となるので，否定の英語NOTから **NOT回路** というのだよ．
S：この入力信号Xと出力信号Aの関係を表として示したのが，NOT回路の動作表ですね．

5

O：NOT回路は，入力信号を否定した出力信号となることから，**論理否定回路** ともいうのだよ．
S：NOT回路は"信号の反転"や入力を入れると出力が出ないので"停止信号"などに使われますね．

6
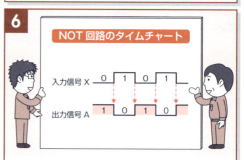

O：時間軸に対する動作を表したのが，NOT回路のタイムチャートだよ．
S：入力信号に対して，出力信号が反転しているのが，よくわかりますね．

5 AND条件を否定するNAND回路

1

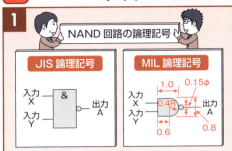

NAND回路の論理記号

JIS 論理記号 / **MIL 論理記号**

S：NAND回路の図記号を教えて下さい．
O：NAND回路の図記号も，日本工業規格JIS C 0617の論理図記号とMIL論理図記号があるよ．
S：MIL論理図記号の数値は寸法の割合を示すのですね．

2

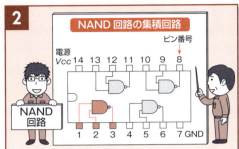

NAND回路の集積回路

S：NAND回路の集積回路はどうなっていますか．
O：1個の集積回路のパッケージに2入力のNAND論理素子が4回路分納められているのだよ．
S：たとえば1と2ピンが入力で3ピンが出力ですね．

3

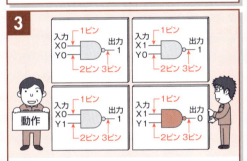

動作

S：NAND回路はどのように動作するのですか．
O：これはNOTとANDを組み合わせた回路で，XおよびYの両方を1信号にすると，出力信号が0信号となり，AND条件が否定されるのだよ．

4

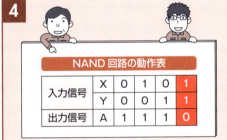

NAND回路の動作表

入力信号	X	0	1	0	1
	Y	0	0	1	1
出力信号	A	1	1	1	0

O：NOTのNとANDを組みわ合せて，この回路をNAND回路といい，**論理積否定回路**ともいうのだよ．
S：その入力信号と出力信号の関係を表として示したのが，NAND回路の動作表ですね．

5

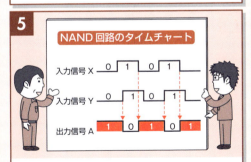

NAND回路のタイムチャート

O：時間軸に対する動作を表したのが，NAND回路のタイムチャートだよ．
S：入力信号がAND条件成立で出力信号が0信号となり，不成立で出力信号が1信号になるのですね．

6

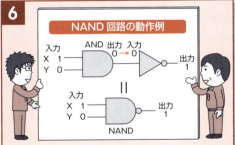

NAND回路の動作例

S：NOTとANDでどのように動作するのですか．
O：AND回路の入力Xが1信号，入力Yが0信号で出力信号は0信号となり，これがNOT回路の入力信号となって出力信号が1信号になるのだよ．

6 OR条件を否定するNOR回路

1

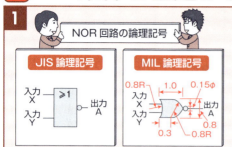

S：NOR回路の図記号を教えて下さい．
O：NOR回路の図記号も，JIS C 0617の論理図記号とMIL論理図記号があるよ．
S：MIL論理図記号の数値は寸法割合を示すのですね．

2

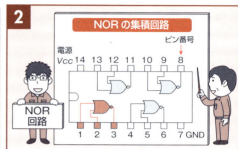

S：NOR回路の集積回路はどうなっていますか．
O：1個の集積回路のパッケージに2入力のNOR論理素子が4回路分納められているのだよ．
S：たとえば1と2ピンが入力で3ピンが出力ですね．

3

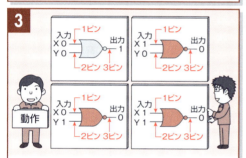

S：NOR回路はどのように動作するのですか．
O：NOTとORを組み合わせた回路で，XまたはYのどちらか，両方が1信号のとき，出力信号が0信号となり，OR条件が否定されるのだよ．

4

O：NOTのNとORを組み合わせて，この回路をNOR回路といい，論理和否定回路ともいうのだよ．
S：その入力信号と出力信号の関係を表として示したのが，NOR回路の動作表ですね．

5

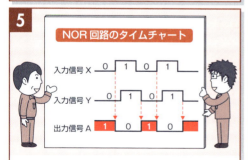

O：時間軸に対する動作を表したのが，NOR回路のタイムチャートだよ．
S：入力信号がOR条件成立で出力信号が0信号となり，不成立で出力信号が1信号になるのですね．

6

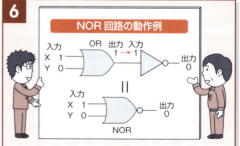

S：NOTとORでどのように動作するのですか．
O：OR回路の入力Xを1信号，入力Yを0信号で出力信号は1信号になり，これがNOT回路の入力信号となり出力信号が0信号になるのだよ．

7 禁止入力が優先し出力を「0」にする禁止回路

1

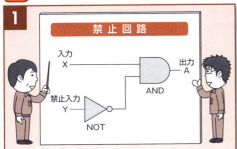

S：基本論理素子であるAND，OR，NOTを組み合わせた回路を教えてください．
O：それでは，まずANDとNOTを1素子ずつ組み合わせた禁止回路を説明しよう．

2

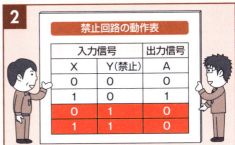

S：禁止回路はどんな機能があるのですか．
O：AND回路の一つの入力に禁止入力としてNOT回路を組み合わせ，この入力が1信号のときは他の入力信号が1でも出力信号は0になる回路だよ．

3

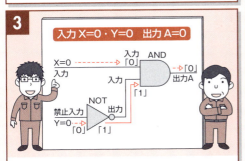

S：入力Xが0だとANDの入力も0ですね．
O：禁止入力Yも0だとNOTの入力が0だからその出力が1になり，ANDの入力は0，1になるからAND条件が成り立たず，その出力Aは0だよ．

4

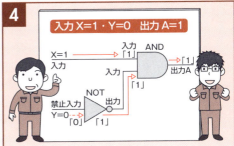

S：入力Xを1にするとANDの入力も1ですね．
O：禁止入力Yが0だとNOTの入力が0で出力が1となり，ANDの入力は1，1とAND条件が成り立ち，このときだけ出力Aが1になるのだよ．

5

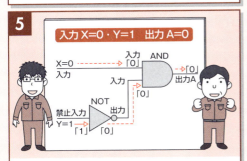

S：入力Xを0にするとANDの入力も0ですね．
O：禁止入力Yが1だとNOTの入力が1となり，その出力が0で，ANDの入力は0，0とAND条件が成り立たず，その出力Aは0になるのだよ．

6

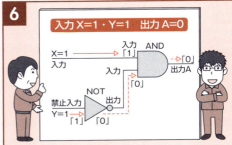

S：入力Xを1にするとANDの入力は1ですね．
O：禁止入力Yが1だとNOTの入力は1で出力が0になり，ANDの入力が1，0とAND条件が成り立たず，入力Xが1でも出力Aが0になるのだよ．

27

8 入力信号が一致したとき出力が「1」になる一致回路

1

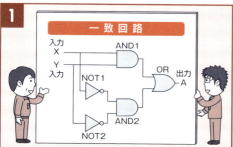

S：基本論理素子の組み合わせによる一致回路について教えてください．
O：一致回路は，ANDとNOTが2素子ずつと，ORが1素子で構成されているよ．

2

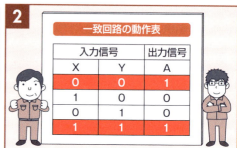

S：一致回路はどのような機能があるのですか．
O：そうだな，二つの入力信号XとYが両方0，または両方1のように，入力信号が一致しているときに出力Aが1になるのだよ．

3

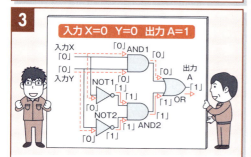

O：入力XとYが両方0だと，AND1の出力が0でORの入力が0，NOT1とNOT2の出力が1と1でAND2の出力が1だからORの入力が1だよ．
S：ORの入力が0，1だから，出力Aが1ですね．

4

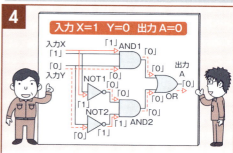

O：入力Xが1，Yが0だと，AND1の出力が0でORの入力が0，NOT1とNOT2の出力が0と1でAND2の出力が0だからORの入力が0だよ．
S：ORの入力が両方0だから，出力Aは0ですね．

5

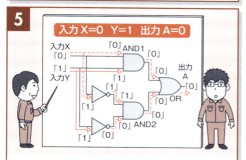

O：入力Xが0，Yが1だと，AND1の出力が0でORの入力が0，NOT1とNOT2の出力が1と0でAND2の出力が0だからORの入力が0だよ．
S：ORの入力が両方0だから，出力Aは0ですね．

6

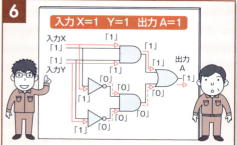

O：入力XとYが両方1だと，AND1の出力が1でORの入力が1，NOT1とNOT2の出力が両方0でAND2の出力0だからORの入力が0だよ．
S：ORの入力が1，0だから，出力Aは1ですね．

9 入力信号が異なったとき出力が「1」になる排他的OR回路

1

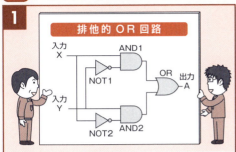

排他的OR回路

S：基本論理素子の組み合わせによる排他的OR回路について教えて下さい。
O：排他的OR回路は，ANDとNOTの2素子とORの1素子で構成されているよ。

2

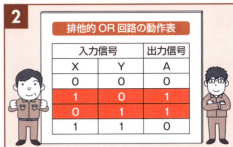

排他的OR回路の動作表

入力信号		出力信号
X	Y	A
0	0	0
1	0	1
0	1	1
1	1	0

S：排他的OR回路はどのような機能があるのですか。
O：排他的OR回路は，二つの入力信号XとYが0か1と異なった状態，つまり一致しないときに出力が1になる回路で，**反一致回路**ともいうのだよ。

3

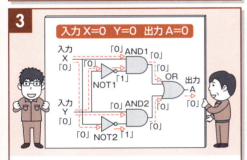

入力 X=0 Y=0 出力 A=0

O：入力XとYが両方0だとAND1とAND2の入力が0なので出力は両方とも0だよ。
S：ORの入力はAND1とAND2の出力が0ですからORの出力が0，つまり出力Aは0ですね。

4

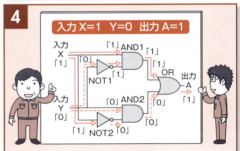

入力 X=1 Y=0 出力 A=1

O：入力Xの1と入力Yの0でNOT1の出力1，AND1の出力が1，ORの入力1で出力Aは1だよ。
S：入力Yの0と入力Xの1でNOT2の出力0とで，AND2の出力は0，ORの入力は0ですね。

5

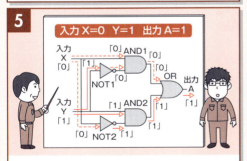

入力 X=0 Y=1 出力 A=1

O：入力Yの1と入力Xの0でNOT2が出力1，AND2の出力は1，ORの入力1で出力Aは1だよ。
S：入力Xの0と入力Yの1でNOT1の出力0とで，AND1の出力は0，ORの入力は0ですね。

6

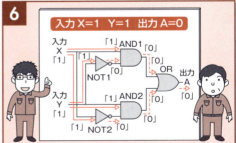

入力 X=1 Y=1 出力 A=0

O：入力XとYが両方1でもNOT1とNOT2の出力は0なのでAND1とAND2の出力は0だよ。
S：ORの入力はAND1とAND2の出力0ですから，ORの出力が0，つまり出力Aは0ですね。

⑩ 出力信号で動作を保持する自己保持回路

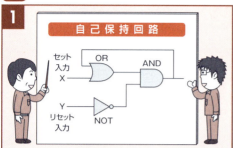

S：次は基本論理素子の組み合わせによる自己保持回路について、教えてください。
O：自己保持回路は、OR、AND、NOTのそれぞれ1素子で構成されているよ。

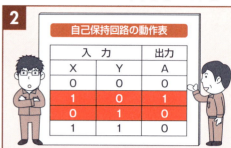

S：自己保持回路はどのような機能があるのですか。
O：セット入力Xが1で出力Aが1になり、Xを0にしても出力Aからの自己保持信号で1が継続し、リセット入力Yが1で出力Aが0になるのだよ。

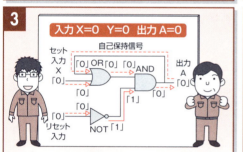

O：セット入力Xが0だとORの入力が0、自己保持信号も0で出力0、AND入力も0、リセット入力Yが0、NOTの出力1でANDの入力が1だよ。
S：ANDの入力が0, 1だから出力Aは0ですね。

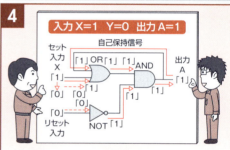

O：入力Xが1だとORの出力が1となりANDの入力も1、入力Yが0だとNOTの出力が1となりANDの入力も1で、出力Aが1になるのだよ。
S：入力X 0でも自己保持信号1でOR出力1ですね。

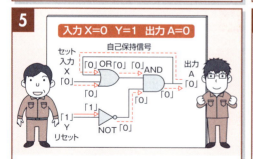

O：入力Xが0だとORの入力が0、自己保持信号0でOR出力が0、そのためAND入力が0、入力Yが1だとNOTの出力0でAND入力も0だよ。
S：ANDの入力が0, 0だから出力Aは0ですね。

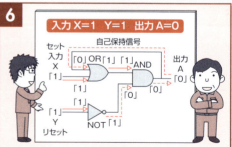

O：入力Xが1だとORの出力が1、そのためANDの入力も1、入力Yが1だとNOTの出力は0で、ANDの入力も0だから出力Aは0になるよ。
S：入力Xと入力Yが両方1だとリセット優先ですね。

11 先行動作が優先するインタロック回路

1

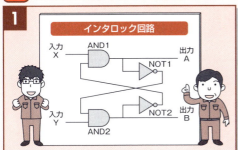

S：基本論理素子の組み合わせによるインタロック回路について教えてください．
O：インタロック回路は，ANDとNOTが2素子ずつで構成されているよ．

2

S：インタロック回路はどんな機能があるのですか．
O：入力X，Yのうち，先に動作した方が優先して出力が1になり，他方の動作を禁止して出力を0にするので，**先行動作優先回路**ともいうのだよ．

3

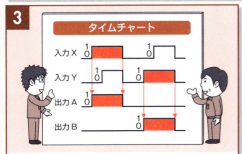

O：時間軸に対する動作を表したのが，インタロック回路のタイムチャートだよ．
S：入力を先に1にした方の出力が1になり，後から他の入力を1にしてもその出力は0なのですね．

4

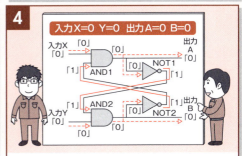

S：入力Xが0だとAND1の出力Aが0で，NOT1の出力の1がAND2の入力1になりますね．
O：入力Yが0だとAND2の入力が0で，NOT1からの出力が1でもAND2の出力Bは0だよ．

5

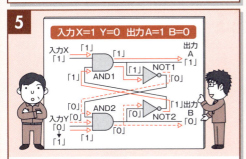

O：入力Yが0だとAND2の出力Bが0，NOT2の出力が1で，入力Xが1だとAND1の出力Aが1，NOT1の出力が0，AND2の入力が0だよ．
S：入力Yを1にしてもAND2の出力Bは0ですね．

6

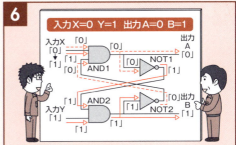

O：入力Xが0だとAND1の出力Aが0，NOT1の出力が1で，入力Yが1だと，AND2の出力Bが1，NOT2の出力が0，AND1の入力が0だよ．
S：入力Xを1にしてもAND1の出力Aは0ですね．

12 二つの安定状態をもつRSフリップフロップ回路

1

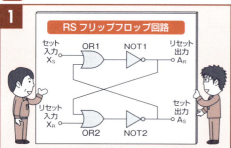

S：RSフリップフロップ回路とはどんなものですか．
O：この回路は，セット入力X_Sとその出力A_S，リセット入力X_Rとその出力A_Rからなり，ORとNOTそれぞれ2素子から構成されているのだよ．

2

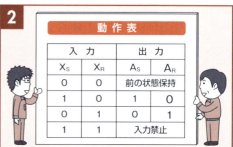

S：入力X_Sが1のときは出力A_Sが1となり，入力X_Rが1のときは出力A_Rが1となるのですね．
O：入力X_SとX_Rが0では前の状態を保持し，入力X_SとX_Rを両方1にするのは動作不確定のため禁止だよ．

3

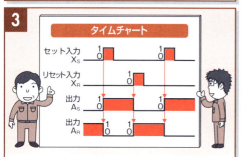

S：この回路のタイムチャートはどうなるのですか．
O：セット入力X_Sが1のときに出力A_Sが1となり出力A_Rが0でX_Sを0にしてもA_Sの1が保持され，リセット入力X_Rが1だとA_Rが1，A_Sが0だよ．

4

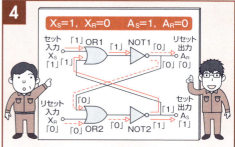

S：X_Sが1だとOR1の出力が1でNOT1の出力が0だから出力A_Rが0でOR2の入力が0ですね．
O：X_Rが0だとOR2の出力が0でNOT2の出力が1だから出力A_Sが1でOR1の入力が1になるよ．

5

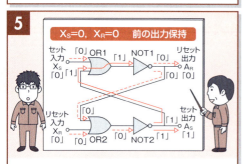

S：X_Sが1，X_Rが0の前の動作でX_Sを0にしX_Rと両方0でも前の出力A_Sが1，A_Rが0を保持するのですね．
O：前の動作図でOR1の入力はNOT2の出力で1だからX_Sが0でも出力は1となり動作を保持だよ．

6

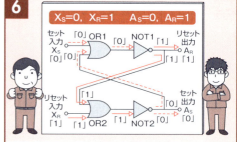

O：X_Rが1だとOR2の出力が1になりNOT2の出力が0だから出力A_Sが0でOR1の入力が0だよ．
S：X_Sが0だとOR1の出力が0でNOT1の出力が1だから出力A_Rが1でOR2の入力が1ですね．

第2章

電気理論の基礎知識

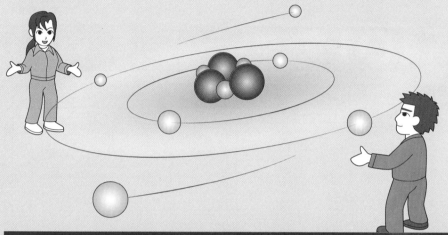

この章のねらい

　この章では,"電気理論についての基礎知識"を容易に理解していただくために,完全図解により学べるようにしてあります。
（1）電荷間に働く静電力に関するクーロンの法則,電界の状態を表す電気力線,電荷の位置エネルギーを示す電位など,静電気の性質について説明してあります。
（2）電流の流れを妨げる電気抵抗は,自由電子が原子とぶつかることにより生じ,それにより発熱し,この発熱作用には,ジュールの法則があることを学びましょう。
（3）電流による磁気作用には,右ねじの法則,ビオ・サバールの法則があり,これらにより磁界の方向,大きさが求められることを知りましょう。
（4）磁界中の電流に働く力のフレミングの左手の法則,磁界中の電線と磁束の変化により生ずる起電力に関するファラデーの電磁誘導の法則,レンツの法則を理解しましょう。
（5）静電誘導が生ずる理由,そしてコンデンサの静電容量とコンデンサの直列接続と並列接続の合成静電容量の求め方を示してあります。
（6）磁石が鉄片を吸引する理由,そして磁気力に関するクーロンの法則,磁気の位置エネルギーである磁位など,磁気の性質について説明してあります。
（7）磁化の状態を表す磁化線,磁化線と磁束の関係,磁界の強さによる磁束密度の変化を表す B-H 曲線,そしてヒステリシスループについて学びましょう。
（8）磁気回路における起磁力,磁束,磁気抵抗の関係を示す,磁気回路のオームの法則について説明してあります。

● 電気理論の基礎知識

1 静電気の性質

 ## Q1 正電気と負電気はどうして生じるのか

図1 原子の構造と自由電子

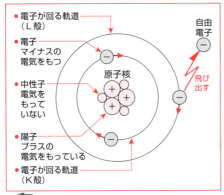

図2 正電気・負電気の発生

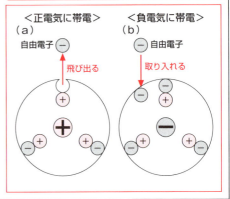

 A 正電気・負電気は原子からの自由電子の飛び出し，原子への取り込みによる

- ❖ 物質は，原子により構成されており，図1のように，原子は原子核と電子からなります。原子核は，原子の中心にあり，正の電気をもつ陽子と，電気をもたない中性子の結合体で，その周囲を陽子と同じ数の負の電気をもつ電子が回っています。
- 陽子1個の正の電気量と，電子1個の負の電気量は同じですので，普通の状態の物質では，電気的性質のない中性の状態になっています。
- ❖ 原子において，一番外側を回る電子は，原子核から遠く結びつく力が弱いので，物質によっては外からの刺激などによりその軌道を外れて原子から飛び出します。
- このような電子を**自由電子**といいます。
- ❖ 物質から自由電子が飛び出すと，図2(a)のように，正の電気をもつ陽子の数が多くなって正電気を帯びます。また，飛び出た自由電子を取り入れば，負の電気をもつ電子の数が多くなって負電気を帯びます（図2(b)）。
- このように，正電気，負電気を帯電した物質を**帯電体**といい，正電気，負電気をそれぞれ分離して蓄えることができます。

34

1. 静電気の性質

Q2 クーロンの法則とはどんな法則なのか

図3 同種・異種の電荷に働く力

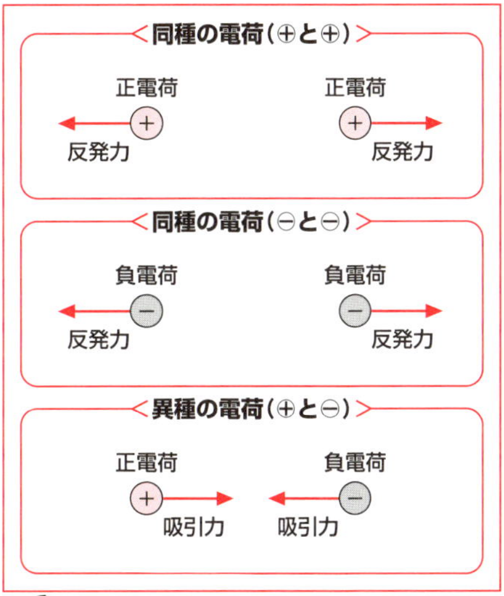

―― 同種の電荷（⊕と⊕）――
正電荷 ← (+)　　(+) → 正電荷
反発力　　　　　　　反発力

―― 同種の電荷（⊖と⊖）――
負電荷 ← (−)　　(−) → 負電荷
反発力　　　　　　　反発力

―― 異種の電荷（⊕と⊖）――
正電荷 (+) →　← (−) 負電荷
　吸引力　　　　吸引力

図4 静電力に関するクーロンの法則

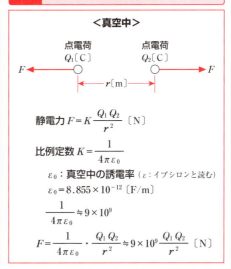

A クーロンの法則は電荷相互に働く静電力に関する法則をいう

❖ 物質に帯電した電気を，電気を荷うという意味で"**電荷**"といいます．
電荷の量記号は Q で，単位はクーロン〔C〕を用います．
● 電荷には，**正電荷**（+）と，**負電荷**（−）があります．そして，広がりを無視できる十分小さい電荷を**点電荷**といいます．

❖ これら電荷相互間には，次のような性質があります．
（1）同じ種類の電荷相互間には反発力が働き，異なる種類の電荷間には吸引力が働きます（**図3**）．この働く力を"**静電力**"といいます．
　　電荷相互に力が働くのは，片方の電荷が作り出す電界（Q3参照）に，もう片方の電荷が反応しているからです．
（2）二つの電荷の間に働く力の大きさは，両電荷の量の積に比例し，相互の距離の2乗に反比例します．
　　これを"**静電力に関するクーロンの法則**"といいます（**図4**）．

❖ クーロンの法則は，次の式で表されます．
真空中に点電荷 Q_1〔C〕，Q_2〔C〕を距離 r〔m〕だけ離した位置に置くと，静電力 F は，
$$F = K\frac{Q_1 Q_2}{r^2} = \frac{1}{4\pi\varepsilon_0} \cdot \frac{Q_1 Q_2}{r^2} = \frac{1}{4\times 3.14\times 8.855\times 10^{-12}} \times \frac{Q_1 Q_2}{r^2} \fallingdotseq 9\times 10^9 \frac{Q_1 Q_2}{r^2} \text{〔N〕}$$
となります．
ε_0 は真空中の誘電率で，8.855×10^{-12}〔F/m〕です．静電力 F の単位はニュートン〔N〕です．

●電気理論の基礎知識

Q3 電界の強さはどう求めるのか

図5 電界の強さ

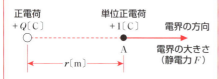

＜真空中＞

- クーロンの法則により静電力 F は
$$F = \frac{1}{4\pi\varepsilon_0} \cdot \frac{Q \times 1}{r^2} \fallingdotseq 9 \times 10^9 \frac{Q}{r^2} \text{ [N]}$$
- 電界の大きさ E は
$$E = \frac{1}{4\pi\varepsilon_0} \cdot \frac{Q}{r^2} \fallingdotseq 9 \times 10^9 \frac{Q}{r^2} \text{ [V/m]}$$
- 電界の方向は（正電荷の場合）
電荷 Q から離れる方向（外方向）

図6 電界の方向

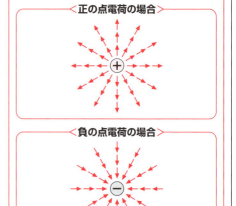

A 電界の強さは電界中の＋1〔C〕の電荷に働く力の大きさと方向で求める

- 電荷の周りに他の電荷を近づけると，クーロンの法則による静電力を受けます．
- このことは，電荷の周囲に電気的な勢力を及ぼす空間があることを示しており，これを"**電界**"といいます．
- 電界の強さは，その電界の中の1点に，もとの電界を乱さないように＋1〔C〕の単位正電荷を置いたときに，これに働くクーロンの法則による静電力の大きさを，その点の電界の大きさとし，その力の方向を電界の方向とします（**図5**）．
- 電界の強さは，大きさと方向で示されるベクトル量で，量記号は E，単位は〔V/m〕（ボルト毎メートル）で表されます．
- 真空中に＋Q〔C〕の点電荷が置かれた場合，これから r〔m〕離れた点Aの電界の強さ E は，点Aに＋1〔C〕の単位正電荷を置いたときの＋1〔C〕と電荷＋Q〔C〕との間に働く力 F で表されます．

$$F = \frac{1}{4\pi\varepsilon_0} \cdot \frac{Q \times 1}{r^2} \fallingdotseq 9 \times 10^9 \frac{Q}{r^2} \text{ [N]}$$ したがって，電界の強さ E は，

$$E = \frac{1}{4\pi\varepsilon_0} \cdot \frac{Q}{r^2} \fallingdotseq 9 \times 10^9 \frac{Q}{r^2} \text{ [V/m]}$$ となります．

- この場合の電界の方向は，ともに正電荷ですから反発力が働くので，Q から放射状に外向きになります．Q が負電荷なら吸引力ですので，反対に Q に向かう方向になります（**図6**）．

1．静電気の性質

Q4 電気力線はどのような線なのか

図7 電荷による電気力線

<正の点電荷による電気力線>

<負の点電荷による電気力線>

<二つの正点電荷による電気力線>
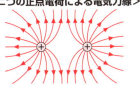

<正と負の点電荷による電気力線>
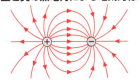

A 電気力線は電界の状態を見えるようにした仮想の線をいう

❖電界は，空間のどの点にも大きさと方向をもって連続して存在しており，電界の連続性を表す手法として仮想した指示線を"**電気力線**"といいます．
❖電気力線には，電界の状態を表すため，次のような性質があるものとします．
（1） 電気力線は，正電荷から出て，負電荷に入る連続した線である（図7）．
（2） 電気力線の接線の方向が，その点の電界の方向である．
（3） 電界の大きさは，垂直な断面積 1 m² 当たりの電気力線密度で表す．
（4） 電気力線は，等電位面（電位の等しい面）に垂直に出入りする．
（5） 電気力線は，他の電気力線と交差しない（交差点では電気力線の方向が二つでき不合理）．
（6） 電気力線は，無限遠点に行くものと，無限遠点から来るものがある（図7）．
（7） （電界の大きさ × 電気力線が垂直に貫く面の面積）は，電気力線の数に等しい．
（8） 真空中では，正電荷 $+Q$〔C〕から Q/ε_0〔本〕の電気力線が出て，負電荷 $-Q$〔C〕へ Q/ε_0〔本〕の電気力線が入る．
　●電気力線は $+1$〔C〕の正電荷から $1/\varepsilon_0$〔本〕出て，-1〔C〕の負電荷に $1/\varepsilon_0$〔本〕入る．
❖それでは，$+Q$〔C〕の正電荷から出る電気力線の本数を調べてみましょう．
●真空中において，$+Q$〔C〕の正電荷を中心として，半径 r〔m〕の球面上の電界の大きさ E はすべて等しく（等電位面），$E = Q/4\pi\varepsilon_0 r^2$〔V/m〕です．
●電気力線は球面に垂直に通り，性質（3）より，1 m² 当たりの電気力線の本数（密度）は，電界の大きさに等しいことから，$Q/4\pi\varepsilon_0 r^2$〔本/m²〕です（前ページ参照）．
　球の表面積は $4\pi r^2$〔m²〕ですから，球面を通る全電気力線総数 N は，
$$N = \frac{Q}{4\pi\varepsilon_0 r^2} \times 4\pi r^2 = \frac{Q}{\varepsilon_0} \text{〔本〕} \quad \text{となります．}$$

37

●電気理論の基礎知識

Q5 電位とはどういうことなのか

図8 電界中におけるある点の電位の求め方

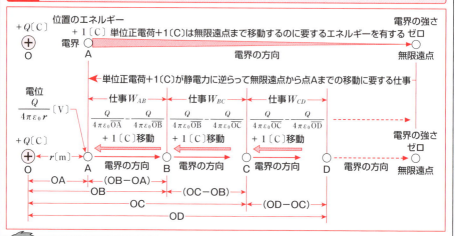

A 電位は電界中における単位正電荷の位置エネルギーである

❖ 正電荷 $+Q$ [C] の電界中の点Aに単位正電荷 $+1$ [C] を置けば，クーロンの法則により反発力を受け，自然のままにしておけば，その方向に移動して電界の強さが0の無限遠点まで移動します．

❖ 電界中の単位正電荷 $+1$ [C] は，電界の強さが0の無限遠点まで移動するだけの位置のエネルギーをもっているので，この位置のエネルギーを**電位**といいます(図8)．

● 電位は，電界の強さが0の無限遠点から，静電力(反発力)に逆らって，単位正電荷 $+1$ [C] を，その点まで移動するのに要する仕事量(エネルギー)で表されます．

● 電位の量記号は V，単位はボルト [V] を用います．

❖ 真空中の点Oに $+Q$ [C] の電荷を置いたときの，r [m] 離れた電界中の点Aの電位を求めてみます．電界の強さは，位置によって異なるので，点Aを通る一直線上にきわめて近い点Bをとります(図8)．点Aの電界の強さ E_{OA} は $Q/4\pi\varepsilon_0\overline{OA}^2$，点Bの電界の強さ E_{OB} は $Q/4\pi\varepsilon_0\overline{OB}^2$．AB間の電界の強さ E_{AB} は，点Aと点Bの電界の強さの幾何学的平均に等しいといわれています．

$$E_{AB} = \sqrt{\frac{Q}{4\pi\varepsilon_0\overline{OA}^2} \times \frac{Q}{4\pi\varepsilon_0\overline{OB}^2}} = \frac{Q}{4\pi\varepsilon_0\overline{OA}\cdot\overline{OB}} \quad [V/m]$$

電界の強さは定義からAB間の単位正電荷 $+1$ [C] に働く力の大きさに等しく，仕事は"力×距離"ですので，点Bから点Aに静電力に逆らって $+1$ [C] を移動するのに要する仕事 W_{AB} は，

$$W_{AB} = \frac{Q}{4\pi\varepsilon_0\overline{OA}\cdot\overline{OB}} \times AB = \frac{Q}{4\pi\varepsilon_0\overline{OA}\cdot\overline{OB}} \times (\overline{OB} - \overline{OA}) = \frac{Q}{4\pi\varepsilon_0\overline{OA}} - \frac{Q}{4\pi\varepsilon_0\overline{OB}} \quad [J]$$

同様にして，BC間で行えば，$W_{BC} = \dfrac{Q}{4\pi\varepsilon_0\overline{OB}} - \dfrac{Q}{4\pi\varepsilon_0\overline{OC}}$ [J]

―次ページへ続く―

1．静電気の性質

Q6 電位差とはどういうことなのか

図9 電位差の求め方

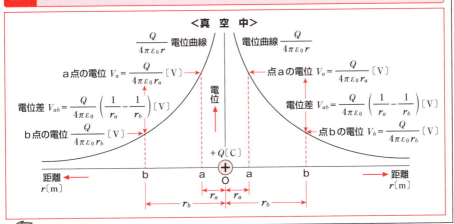

A 電位差とは点aの電位と点bの電位の差をいう

また，CD間で行えば，$W_{CD} = \dfrac{Q}{4\pi\varepsilon_0 \overline{OC}} - \dfrac{Q}{4\pi\varepsilon_0 \overline{OD}}$ 〔J〕

これを無限遠点まで行って，単位正電荷+1〔C〕を静電力に逆らって無限遠点から点Aまで移動するのに要する仕事の総和Wを求めます．

$$W = W_{AB} + W_{BC} + W_{CD} + \cdots\cdots W_\infty = \overbrace{\dfrac{Q}{4\pi\varepsilon_0 \overline{OA}} - \dfrac{Q}{4\pi\varepsilon_0 \overline{OB}}}^{W_{AB}} + \overbrace{\dfrac{Q}{4\pi\varepsilon_0 \overline{OB}} - \dfrac{Q}{4\pi\varepsilon_0 \overline{OC}}}^{W_{BC}} + \dfrac{Q}{4\pi\varepsilon_0 \overline{OC}}$$

$$- \underbrace{\dfrac{Q}{4\pi\varepsilon_0 \overline{OD}}}_{-W_{CD}} + \underbrace{\dfrac{Q}{4\pi\varepsilon_0 \overline{OD}}}_{W_{DE}} \cdots\cdots - \dfrac{Q}{4\pi\varepsilon_0 \infty} = \dfrac{Q}{4\pi\varepsilon_0 \overline{OA}} - \dfrac{Q}{4\pi\varepsilon_0 \infty} = \dfrac{Q}{4\pi\varepsilon_0 \overline{OA}} = \dfrac{Q}{4\pi\varepsilon_0 r} \text{〔J〕}$$

❖図9のように，真空中の点Oに正電荷Q〔C〕を置いたとき，点Oからr_a〔m〕離れた点aの電位V_aとr_b〔m〕離れた点bの電位V_bは， $V_a = \dfrac{Q}{4\pi\varepsilon_0 r_a}$〔V〕 $V_b = \dfrac{Q}{4\pi\varepsilon_0 r_b}$〔V〕

aとbの2点間の電位の差$V_a - V_b$を**電位差**または**電圧**といい，単位はボルト〔V〕を用います．

電位差V_{ab}は， 〔V〕

● 電位差は電界中において，単位正電荷+1〔C〕を点bから点aまで静電力に逆らって移動するのに要する仕事をいいます．
❖ 実用的には，電位0の点を地球（大地）としています．地球は非常に大きな導体と考えられますので，地球に電荷が入っても，出ても，地球の電位は変化しないからです．
したがって，電圧は大地（地球）との電位差をいいます．

39

●電気理論の基礎知識

❷ 電流の流れを妨げる電気抵抗

Q7 電気抵抗とはどういうことなのか

図1 電気抵抗が生ずるわけ

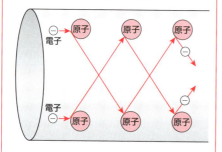

〈自由電子が原子と衝突し移動を妨げられる〉

図2 電気抵抗が大きい

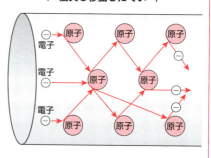

〈自由電子が多くの原子と衝突し移動しにくい〉

A **電気抵抗は自由電子が原子にぶつかることによる移動のしにくさをいう**

❖ 物質の中を電流が流れるのは，その物質を構成する原子のいちばん外側の軌道を回っている自由電子が，軌道を外れて隣り合っている原子から原子へと出入りして，一定の方向に移動することによります．

❖ 物質の中で電流の流れとして，自由電子が一定の方向に移動する際に，その進行方向に原子があると，自由電子は原子にぶつかって，移動を妨げられ流れにくくなります．

● この物質の中で自由電子が，多くの原子とぶつかることによって移動を妨げられること，つまり，電流の流れを妨げられることを"**電気抵抗**"，または単に"**抵抗**"といいます（図1）．

● 電気抵抗とは，自由電子の移動のしにくさ，つまり，電流の流れにくさをいいます．電流の流れにくさが大きいほど，電気抵抗が大きいといいます（図2）．

● 物質ごとに原子の並び方や自由電子の量などが異なるので，物質の種類により，電気抵抗の大きさは異なることになります．

❖ 電気抵抗は，物質の種類によって変わるばかりでなく，物質の形状や物質の温度によっても変化します．

2. 電流の流れを妨げる電気抵抗

Q8 電気抵抗は形状によってどう変わるのか

図3 電気抵抗と長さの関係

- 長さが2倍になると、電気抵抗は2倍になる

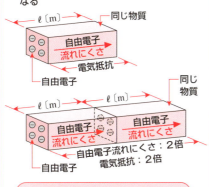

電気抵抗は長さℓに比例する

図4 電気抵抗と断面積との関係

- 断面積が2倍になると、電気抵抗は2分の1になる

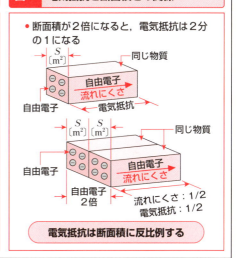

電気抵抗は断面積に反比例する

A 電気抵抗は物質の長さに比例し断面積に反比例する

❖電気抵抗は、物質の種類により、それぞれ固有の大きさがありますが、物質が同じでも、物質の長さと断面積によって、どのように変わるのかを、次に説明しましょう．

❖同じ種類の物質で、同じ長さと断面積の棒を、図3のように、1本の場合と2本縦につないだ場合を比べてみます．

- 2本の場合は長さが2倍ですので、1本に比べて、自由電子は途中の原子と2倍衝突して移動することになり、流れにくさ、つまり、電気抵抗は2倍になります．
- すなわち、電気抵抗は、物質の長さに比例するということです．

❖同じ種類の物質で、同じ長さと断面積の棒を、図4のように、1本の場合と2本横に並べてつないだ場合を比べてみます．

- 2本の場合は断面積が2倍ですので、1本に比べて、2倍の自由電子が移動することから、流れやすさは2倍、逆にいえば、流れにくさが2分の1、つまり、電気抵抗は2分の1になります．
- すなわち、電気抵抗は、物質の断面積に反比例するということです．

❖以上をまとめると、物質の電流の流れを妨げる働きである電気抵抗の大きさは、物質が同じならば、その長さℓ[m]に比例し、断面積S[m^2]に反比例します．電気抵抗の単位はオーム[Ω]です．

$$電気抵抗 \propto \frac{長さ}{断面積} [\Omega]$$ そこで，比例定数をρ（ロー）とし，電気抵抗の量記号をRとすると，

$$R = \rho \frac{\ell}{S} [\Omega]$$ 電気抵抗 = 比例定数 × $\frac{長さ}{断面積}$ [Ω] となります．

Q9 物質固有の電気抵抗はどう表すのか

図5 抵抗率とその単位

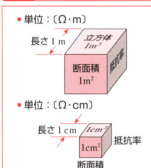

表1 物質の抵抗率と%導電率の値(例)

物質の種類	抵抗率(×10⁻⁸〔Ω·m〕)	%導電率
銀	1.62	106.4
銅	1.69	102.1
国際標準軟銅	1.7241	100.0
金	2.40	71.8
アルミニウム	2.82	61.1
亜鉛	6.10	28.2
ニッケル	6.90	25.0
鉄	10.00	17.2
白金	10.50	16.4
すず	11.40	15.1

A 物質固有の電気抵抗は抵抗率・導電率・%導電率で表す

❖ 電気抵抗 $R = \rho \cdot \ell / S$ の比例定数 ρ を物質の抵抗率といいます.
　抵抗率とは，物質固有の電気抵抗の大きさをいい，"電流の流れにくさ"を表します.
● **抵抗率**は，物質の長さ1〔m〕，断面積1〔m²〕の立方体1〔m³〕当たりの電気抵抗を表します.
　$R = \rho \cdot \ell / S$ で，$\ell = 1$〔m〕，$S = 1$〔m²〕とすると，$R = \rho \cdot 1/1 = \rho$ と抵抗率を示します.
● 抵抗率の単位は，〔Ω·m〕(オーム・メートル)です(**図5**).
　$R = \rho \cdot \ell / S$ から，$\rho = R \cdot S / \ell = R$〔Ω〕$\cdot S$〔m²〕$/ \ell$〔m〕で，単位は〔Ω·m²/m〕=〔Ω·m〕
● 抵抗率を表すのに，長さ1〔cm〕，断面積1〔cm²〕の立方体1〔cm³〕では，単位は〔Ω·cm〕です.
● 電線などの場合は，抵抗率を長さ1〔m〕，断面積1〔mm²〕とし，単位は〔Ω·mm²/m〕です.
　$\rho = R$〔Ω〕$\cdot S$〔mm²〕$/ \ell$〔m〕から，単位は〔Ω·mm²/m〕です.
❖ 抵抗率 ρ (ロー)の逆数を導電率 σ (シグマ)といいます.
　導電率は，"電流の流れやすさ"を表し，単位は〔1/Ω·m〕で，〔S/m〕(ジーメンス毎メートル)を用います．ジーメンス〔S〕は，抵抗の逆数のコンダクタンスの単位です.
❖ 物質の導電性を比較するのに，パーセント導電率(%導電率)が用いられます.
　%導電率は，国際標準軟銅の導電率 σ_S に対する，物質の導電率 σ の比をパーセントで表します.

$$\%導電率 = \frac{物質の導電率}{国際標準軟銅の導電率} \times 100 〔\%〕= \frac{\sigma}{\sigma_S} \times 100 〔\%〕$$

❖ 抵抗率と%導電率の例を示したのが，**表1**です．物質では，銀・銅・金・アルミニウムの順に，電気抵抗が小さいです．したがって，電線には抵抗率が一番小さい銀を使えば，最も電流が流れますが，銀は高価なため，一般には，銅やアルミニウムを使用しています.

2. 電流の流れを妨げる電気抵抗

Q10 温度によって金属の電気抵抗はどう変わるのか

図6 原子の格子振動

- 温度が高くなると,格子振動が激しくなる

電子 原子 原子
電子 原子 原子 原子
電子 原子 原子 原子
原子 原子

- 自由電子と原子の衝突回数増加

⇒ 電気抵抗が増加する

図7 温度による金属の電気抵抗の変化

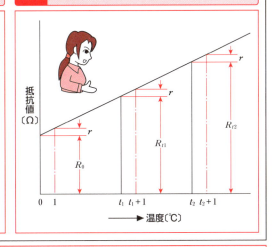

A 金属は温度が高くなると電気抵抗が増加する

- 物質中の原子は,運動エネルギーをもっていて,基準となる位置を中心に振動運動をしています.
- 結晶格子における原子の振動を**格子振動**といい,温度が高くなるほど振動の振幅は大きくなります.温度が高いほど原子の格子振動が激しくなって,自由電子が原子とぶつかる回数が多くなることから,温度が高いほど電気抵抗が増加します(図6).
- 一般に,金属は,温度が上昇すると電気抵抗が増加し,温度と電気抵抗の関係は,図7のように,直線で表すことができます.
- 温度が1℃上昇するごとに増加する電気抵抗の値を,基準となる温度のときの抵抗値で割った値を,その温度における**温度係数** α(アルファ)といいます.
 一般に,基準温度としては,20℃を用いることが多いです.
- 基準となる温度の電気抵抗の値を R〔Ω〕,温度が1℃上昇により増加した電気抵抗値を r〔Ω〕とすると,温度係数 α は, $\alpha = r/R$ または $r = \alpha R$ ……(1)
- 図7において,0℃,t_1℃,t_2℃のときの電気抵抗値を R_0,R_{t1},R_{t2}〔Ω〕とすると,1℃当たり r〔Ω〕の電気抵抗が増加するので,それぞれの温度のときの温度係数 α_0,α_{t1},α_{t2} は,
 $\alpha_0 = r/R_0$　　$\alpha_{t1} = r/R_{t1}$　　$\alpha_{t2} = r/R_{t2}$　$(\alpha_0 > \alpha_{t1} > \alpha_{t2})$
 一般に,基準温度が高いほど,金属の温度係数は小さくなります.
- t℃における温度係数が α_t で,R_t〔Ω〕の電気抵抗が,T℃まで温度が上昇すれば,温度の上昇は $(T-t)$℃ですから,電気抵抗の増加は,(1)式により, $r(T-t) = \alpha_t R_t (T-t)$ となります.
 したがって,T℃における電気抵抗 R_T は,
 $R_T = R_t + \alpha_t R_t (T-t) = R_t \{1 + \alpha_t (T-t)\}$〔Ω〕　となります.

●電気理論の基礎知識

Q11 物質は電流の流れ方でどう分けられるのか

表2 抵抗材料（例）

材料	記号	抵抗率(μΩ・m)
鉄クロム	GFC 142	142
	GFC 123	123
	GFC 111	111
ニッケルクロム	GNC 112	112
	GNC 108	108
	GCR 69	69
鉄ニッケルクロム	GSU 72	72
銅マンガンニッケル	GCM 44	44
銅ニッケル	GCN 49	49
	GCN 30	30
	GCN 15	15
	GCN 10	10
	GCN 5	5

表3 絶縁材料（例）

状態		材料
気体		空気，窒素，アルゴン，六ふっ化いおう(SF_6)
液体		鉱油，植物油　合成油（シリコン油，ポリブテン，アルキルベンゼン）
固体	無機	雲母（マイカ），石炭，ガラス，磁器
	合成	絶縁紙，アスファルト，熱可塑性高分子（ポリエチレン，ポリ塩化ビニル，ふっ素樹脂）熱硬化性高分子（エポキシ樹脂，シリコン樹脂）合成ゴム（ブチルゴム）

 A 物質は導体，半導体，絶縁体（不導体）に区分される

❖ 物質で，電流が流れやすいものを**導体**，電流が流れにくいものを**絶縁体**または**不導体**といい，導体と絶縁体の両方の性質をもつものを**半導体**といいます。
- 導体，絶縁体（不導体）は，物質の電流の流れやすさの程度の差による区分といえます．
❖ 導体は，自由電子を多くもっているので電流が流れやすいのですが，電気抵抗により，多少電流の流れが妨げられます．
- 導体には，使用目的により電流の通路として用いられる銀，銅，アルミニウムなどの導電材料（Q9表1）と，電気・電子回路の抵抗素子として用いられる抵抗材料（**表2**）があります．
❖ 絶縁体（不導体）は，ほとんどの電子が，原子核と強固に結びついていて，自由電子になりにくく少ないことから，電流が流れにくいのです．
- しかし，絶縁体（**表3**）は，自由電子がきわめて少ないものの存在するので，わずかですが電流が流れます．絶縁体の電気抵抗を**絶縁抵抗**といいます．
- 絶縁体は，導体が電流の通路として使用されたとき，この電流が必要以外のところに流れる危険がないように，導体を被膜したり，支持したりするのに用いられます．
- 絶縁体には，たとえば，気体として空気，液体として鉱油，固体として雲母，磁器などがあります．
❖ 半導体は，導体と絶縁体の中間で，抵抗率が $10^{-4} \sim 10^{6}$〔Ω・m〕程度の物質をいいます．
- 半導体には，ゲルマニウム，シリコン，セレンなどがあり，電子デバイスとして，ダイオード，トランジスタ，集積回路（IC）などに使用されています．

44

2. 電流の流れを妨げる電気抵抗

Q12 電気抵抗を得るにはどうするのか

図8 抵抗器のいろいろ　　　　　　　　　　　　　　　　（例）

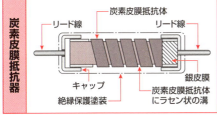

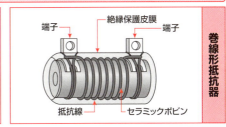

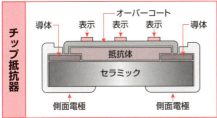

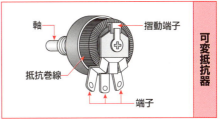

A　電気抵抗を得るためにつくられたのが抵抗器である

- ❖ 電流の流れを妨げる働きをする電気抵抗を得る目的でつくられた機器を"**抵抗器**"といい，抵抗器には，次のような用途があります。
- ● 電気・電子回路の電流を制限したり，電流の流れを調整する。
  ─電気・電子回路に電気抵抗がないと，電圧を加えると無制限に電流が流れる─
- ● 電気・電子回路に加わる高い電圧を電気抵抗によって分圧し，低い電圧にして取り出す。
- ● 電気・電子回路に流れる大きな電流を電気抵抗によって分流し，小さな電流にして取り出す。
- ❖ 抵抗器には，電気抵抗の値が一定の"**固定抵抗器**"と，電気抵抗値を任意に変えて，電圧や電流を変化させるときに使用する"**可変抵抗器**"があります。
- ❖ 固定抵抗器には，炭素皮膜抵抗器，巻線形抵抗器，チップ抵抗器などがあります（図8）。
- ● **炭素皮膜抵抗器**は，磁器棒の表面に高温度，高真空の中で，熱分解により密着固定させた純粋な炭素皮膜を抵抗体としています。
- ● **巻線形抵抗器**は，セラミックなどのボビンにニクロム線，マンガン線などの抵抗線を巻き付け，さらに電流を導くための端子を取り付け，その上にほうろう質その他の耐熱被覆を施します。
- ● **チップ抵抗器**には，形状により角形と円筒形があり，抵抗体の材料により，次の種類があります。角形には，メタルグレーズ皮膜タイプ，金属皮膜タイプ，金属板タイプなどがあり，円筒形には，炭素皮膜タイプ，金属皮膜タイプなどがあります。
- ● **可変抵抗器**は，鉄心に巻かれた抵抗線を抵抗体とし，軸を回転することにより，抵抗巻線の上をすべり板が摺動して，抵抗値を連続的に可変できます。

45

●電気理論の基礎知識

❸ 抵抗は電流が流れると発熱する

Q13 抵抗に電流を流すとなぜ発熱するのか

図1 自由電子による原子の熱振動現象 ―電流の発熱作用―

A 抵抗は自由電子が原子に衝突して熱振動により発熱する

- ❖ 電気抵抗をもつ物質に電流が流れると熱が発生する現象を"**電流の発熱作用**"といいます．
- ● それでは，なぜ，電気抵抗をもつ物質に電流を流すと，熱が発生するのかを説明しましょう．物質は，原子より構成されていますが，原子(固体)は基準となる位置を中心にして，前後左右上下に乱雑に振動しており，この振動を"**熱振動**"といいます(図1)．
- ● 熱は実体がなく，原子の振動の激しさをいい，熱振動の運動のエネルギーのことです．この熱振動の大きさは，温度という尺度で測られます．
- ❖ 物質(固体)の両端に電圧を加えると，物質内に電界を生じ，自由電子は電界から力を受け，移動します．これが電流です．
- ● 加速した自由電子は，物質中の原子に衝突し，原子は力学的エネルギーを受けて激しく振動します．衝突した自由電子は，減速しますが，再び電界から力を受けて加速し，原子に衝突して原子を激しく振動させ，その抵抗力で減速し，これを繰り返します．
- ❖ 自由電子に対する抵抗力は，速度が上がるほど強くなるので，進む力と抵抗力が同じになるところで，速度が一定になります．
- ● 自由電子が一定の速度になるということは，自由電子の運動のエネルギーは増えないので，自由電子は電界からエネルギーをもらって，それを全部原子に与え，原子はそれにより激しく振動して熱が発生し，さらに温度が上昇します．これが"**電流の発熱作用**"です．
- ● 電気抵抗は，自由電子が原子と衝突することで移動を防げられることですから，電気抵抗がある物質に，自由電子の移動である電流が流れると，発熱するのです．

46

3．抵抗は電流が流れると発熱する

Q14 ジュールの法則とはどのような法則なのか

図2 ジュールの法則

- 発熱量＝電圧×電流×時間〔ジュール〕
  $H = VIt$〔J〕
- 発熱量＝(電流)^2×抵抗×時間〔ジュール〕
  $H = I^2Rt$〔J〕

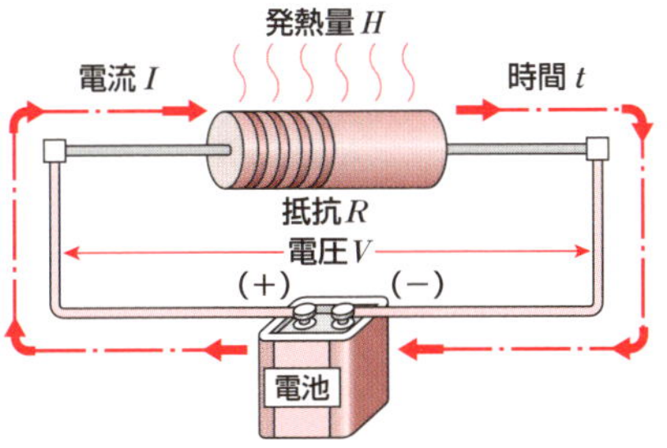

図3 ジュールの法則の応用例

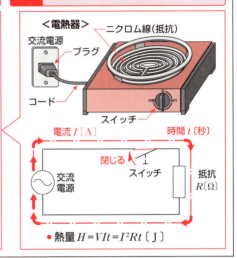

● 熱量 $H = VIt = I^2Rt$〔J〕

A ジュールの法則：発熱量は電圧と電流と時間の積に等しい

❖ 抵抗 R〔Ω〕に電圧 V〔V〕を加え，電流 I〔A〕が t 秒間流れたときに発生する熱量 H〔J〕は，電圧 V と電流 I と時間 t の積で表されます．

● この現象は，イギリスの物理学者であるジュール(James Prescott Joule)が，実験によって証明したことから，"ジュールの法則" といい，発生する熱を "ジュール熱" といいます(図2)．

  発生する熱量 H＝電圧 × 電流 × 時間＝VIt〔J〕

● 抵抗に加える電圧を高くすると，自由電子を押す圧力が高くなり，それにより自由電子が原子と衝突する力が強くなるので，原子の熱振動が激しくなって，発熱量が増えます．
● 抵抗に流れる電流を大きくすると，原子に衝突する自由電子の数が多くなり，これにより原子の熱振動が激しくなって，発熱量が増えます．
● 電流が流れる時間を長くすると，それだけ多くの自由電子が原子と衝突して熱振動を激しくするので，発熱量が増えます．

❖ 抵抗 R〔Ω〕に電圧 V〔V〕を加えた場合に流れる電流 I〔A〕の関係には，オームの法則があり，
  $V = RI$〔V〕 です．したがって，ジュールの法則による発熱量 H は，

  $H = VIt = IR \cdot It = I^2Rt$〔J〕

● 抵抗 R〔Ω〕に電流 I〔A〕が t 秒間流れたときに発生する熱量 H は，"電流 I の2乗と抵抗 R と時間 t の積" となります．

●電気理論の基礎知識

Q15 なぜ，ジュールの法則が成り立つのか

図4 ジュールの法則の説明

図5 電界と電流の説明

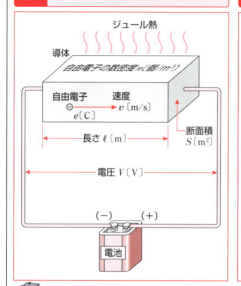

- 電界とは，電荷を置いたときに静電力（クーロン力）が生ずる場をいいます．
- 電界の強さは，1〔C〕の電荷を置いたときに働く静電力の大きさをいいます．
  電荷 e〔C〕による静電力 F_e は，
  $$F_e = \frac{1}{4\pi\varepsilon_0} \cdot \frac{e}{r^2} = e \cdot \frac{1}{4\pi\varepsilon_0 r^2}$$
  $$= e \cdot E \text{〔N〕} \qquad \text{電界 } E$$
- 電流とは，ある面を1秒間に通過する電荷の量をいいます．
- 断面積 S〔m²〕を1秒間に通過する自由電子の個数は，自由電子が1秒間に通過する体積（速度 v × 断面積 S：vS〔m³〕）と自由電子の数密度 n〔個/m³〕の積 nvS〔個/s〕です．自由電子1個の電荷は e〔C〕ですから，1秒間に通過する電気量，つまり電流 I は，$envS$〔A〕となります．

A 自由電子の運動のエネルギーが原子の熱振動で熱エネルギーに変わる

　ジュールの法則が成り立つ理由を，次に説明しましょう．
- 断面積 S〔m²〕，長さ ℓ〔m〕，自由電子の平均速度 v〔m/S〕，自由電子の数密度 n〔個/m³〕の導体の両端に V〔V〕の電圧を加えたとします（**図4**）．
- 1個の自由電子の電荷の大きさを e〔C〕とし，電圧を加えたことによる電界の強さを E〔V/m〕とすると，自由電子1個に働く力 F_e〔N〕は，　　$F_e = eE$〔N〕（**図5**参照）……（1）
- 電界の強さ E〔V/m〕の中に +1〔C〕の電荷を置くと E〔N〕の力を受けます．この E〔N〕の力によって，+1〔C〕を導体の長さ ℓ〔m〕移動するのに要する仕事量 W〔J〕は $E\ell$〔J〕です．この仕事 W が導体の両端の電位差，つまり，電圧 V〔V〕です．　　$V = E\ell$〔V〕……（2）
　（2）式から，$E = V/\ell$〔V/m〕　この式を（1）式に代入すると，　　$F_e = e \cdot V/\ell$〔V〕
- 自由電子が，平均速度 v〔m/s〕で，t 秒間に進む距離は vt〔m〕です．
　自由電子1個のもつ運動のエネルギーは，力×距離ですので，$(e \cdot V/\ell) \times vt$ となります．
　このエネルギーが，熱エネルギーに変わります．
- 導体の体積は ℓS〔m³〕，自由電子の数密度が n〔個/m³〕ですから，導体の自由電子の総数は $n\ell S$〔個〕です．したがって，熱エネルギーの総量 H は，（**図4・5**参照）
  $$H = (e \cdot \frac{V}{\ell} \times vt) \times n\ell S = eVvtnS = \underline{envS} \times Vt = I \times Vt = IVt \text{〔J〕} \qquad \text{これがジュールの法則の式です．}$$

48

3．抵抗は電流が流れると発熱する

Q16 消費電力量と発熱量はどのような関係にあるのか

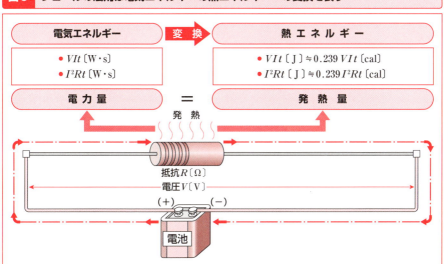

図6　ジュールの法則は電気エネルギーの熱エネルギーへの変換を表す

A　発熱量は消費電力量のなす仕事量に等しい

❖抵抗に電流が流れたときの発熱量を表すジュールという単位は，1秒間に1ワット〔W〕の電力を消費してなされる仕事量の単位でもあります．
- 1〔Ω〕の抵抗に，1〔A〕の電流が1秒間流れると1〔ワット・秒〕の電力量が消費され，1〔J〕の仕事がなされるということです．
  1ジュール〔J〕＝1ワット・秒〔W・s〕
- したがって，ジュールの法則は，1秒間に I^2R〔W〕の電力(電気エネルギー)が消費されれば，仕事として I^2R〔J〕の熱量(熱エネルギー)が発生することを示しています(図6)．

❖"人もしくは動物が摂取する物質の計量"に，カロリー〔cal〕という熱量の単位が用いられていますので，ジュール〔J〕との関係を参考に，次に記します．
- 熱力学カロリーでは，1カロリー〔cal〕は，4.184ジュール〔J〕と定義されています．
  1〔cal〕＝4.184〔J〕　　1〔J〕＝1/4.184≒0.239〔cal〕
- 一般に実用面での電力は，ワット〔W〕よりも，キロワット〔kW〕が，また，電力量もジュールよりも，キロワット・アワー〔kWh〕が用いられています．
  1〔kWh〕＝1 000〔Wh〕＝1 000×60×60〔W・秒〕
  　　　　≒0.239×3.6×10^6〔cal〕≒860〔kcal〕

❖参考までに，ジュールの法則の熱量 H を，カロリー〔cal〕の単位で表すと，
　$H ≒ 0.239\ I^2Rt$〔cal〕　　となります．

● 電気理論の基礎知識

Q17 ジュール熱はどう利用されているのか

図7 ジュール熱(抵抗加熱)を利用した家庭用電化製品(例)

調理器

―例― ＜電気ポット＞
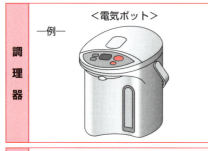

暖房器

―例― ＜電気ストーブ＞
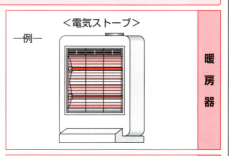

乾燥機

―例― ＜電気布団乾燥機＞
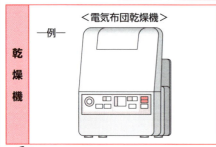

その他

―例― ＜アイロン＞

A ジュール熱は抵抗加熱として電気機器に利用されている

❖ 抵抗をもつ物質に電流を流すことで生ずる発熱(ジュール熱)を利用して加熱する方法を"**抵抗加熱**"といいます.
● 抵抗加熱は,電気エネルギーを熱エネルギーに効率よく変えることができることから,多くの電気機器に使用されています.
❖ 抵抗加熱に用いる発熱体は,十分な発熱を得るのに必要な抵抗値をもった線でつくられており,これを"**抵抗線**"(Q11表2参照)といいます.
● 抵抗加熱に用いる抵抗線に求められる条件は,固有抵抗が大きいこと,高温に耐えること,温度の高低により劣化しないこと,加工が容易であることなどです.
　たとえば,抵抗線にはニッケルとクロムなどの合金であるニッケルクロム合金線があり,一般に"**ニクロム線**"といわれています.
❖ 抵抗加熱を利用した電気機器のうち,家庭用電化製品の例を,次に示します(**図7**).
● 調理器:炊飯器(電気がま),電気ポット,オーブントースター,電熱器,ホットプレート
● 暖房器:電気ストーブ,電気コタツ,電気あんか,電気毛布,足温器
● 乾燥機:衣類乾燥機,電気布団乾燥機,電気食器乾燥機,ヘアドライヤー
● その他:アイロン,電気温水器,ヘアアイロン

50

3．抵抗は電流が流れると発熱する

Q18 ジュール熱にはどんな弊害があるのか

図8　ジュール熱が電力の損失となる例

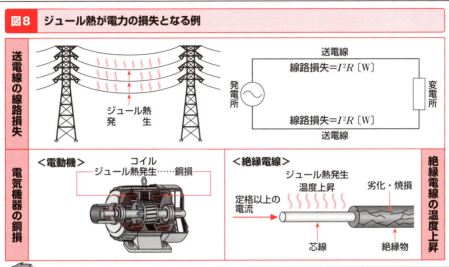

A　ジュール熱使用以外のものでは電力の損失となる

❖ジュール熱は，電気抵抗のあるものに電流が流れると発生するので，発生した熱を活用しない場合は，熱の発生のために使用された電力は，ムダな電力として損失となり，また，障害となることがあります．次に，その例を示します(図8)．
　＜送電線の線路損失＞
❖送電線は，鉄塔に加わる荷重を少なくするために，アルミニウム線を使用しています．
● アルミニウムは，抵抗率 2.82×10^{-8}〔Ω･m〕の抵抗がありますので，送電線に電流が流れると，ジュール熱が発生し，それに要する電力が熱となって失われてしまいます．
この損失を"**抵抗損**"といい，送電線では"**線路損失**"といいます．
● この線路損失は，送電線だけでなく配電線，屋内配線でも生じます．
　＜電気機器の銅損＞
❖電動機や発電機，変圧器などの電気コイルを用いる電気機器では，コイルに銅線が用いられます．
● 銅は，抵抗率 1.69×10^{-8}〔Ω･m〕の抵抗がありますので，これらの機器に電流が流れると，ジュール熱が発生し，これに要する電力が抵抗損として失われます．
● この抵抗損は，銅線で生ずるので，**銅損**といい，電気機器の効率を低下させる要因となります．
　＜絶縁電線の温度上昇＞
❖私たちが使うコードを含め電線は，銅線が絶縁物で被覆されています．
● 絶縁電線に決められた以上の電流が流れると，ジュール熱により電線の温度が上昇し，許容温度を超えると，それにより電線の絶縁物が劣化，焼損したり，芯線が溶けたりといった障害が生じます．
このジュール熱による温度上昇に伴う障害は，電気抵抗をもつ電気機器に生じます．

51

●電気理論の基礎知識

4 電流により電解質は電気分解する

Q19 電解質は電解液内ではどうなるのか

図1 電解質である硫酸(H_2SO_4)の電解〔例〕

図2 イオンの表示のしかた〔例〕

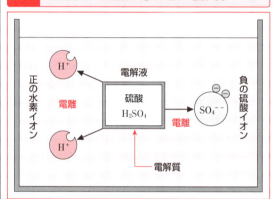

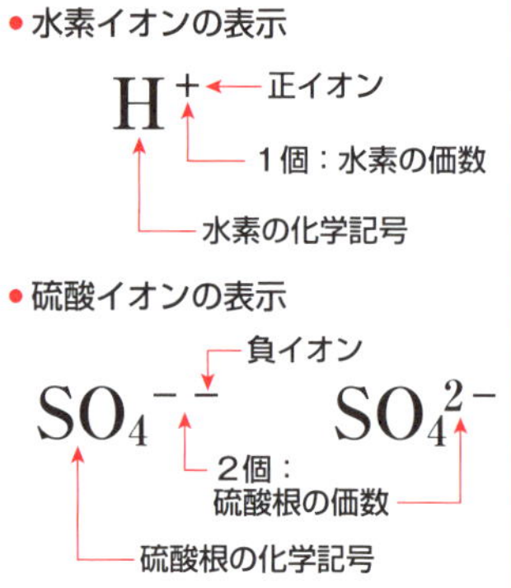

- 水素イオンの表示

$$H^+ \leftarrow 正イオン$$

1個：水素の価数
水素の化学記号

- 硫酸イオンの表示

$$SO_4^{--} \quad SO_4^{2-}$$

負イオン
2個：硫酸根の価数
硫酸根の化学記号

A 電解質は電解液内で正イオンと負イオンに電離する

- 純粋な水は，きわめて電気抵抗が大きく，電流が流れにくいのですが，たとえば，硫酸(H_2SO_4)を溶かして水溶液にすると，電流が流れるようになります．
- 硫酸(H_2SO_4)を溶かした水溶液では，原子や分子がそのまま水中にあるのではなく，正電気をもった水素(H^+)と負電気をもった硫酸根(SO_4^{--})に分かれます（図1）．
  このような物質を"**電解質**"といい，水溶液を"**電解液**"といいます．
- そして，正電気をもった水素(H^+)を正の水素イオンといい，負電気をもった硫酸根(SO_4^{--})を負の硫酸イオンといいます．
  一般に，物質が，正イオンと負イオンに分かれることを"**電離**"といいます．
- イオンのもつ正電気あるいは負電気の電気量は，電子1個の電気量(約1.602×10^{-19}クーロン)の原子または原子団の原子価数倍だけあります．
  —**原子価**とは，原子が何個の他の原子と結合するかを表す数をいう—
- 正イオンでは，原子の化学記号の右肩に($+$)印を，負イオンでは($-$)印を付けます．
- 原子のイオン価を表すため，($+$)印または($-$)印をイオンの数だけ右肩に付けるか，その数字を記します（図2）．

52

4．電流により電解質は電気分解する

Q20 電気分解とはどういうことなのか

図3 水酸化ナトリウムの電気分解（例）

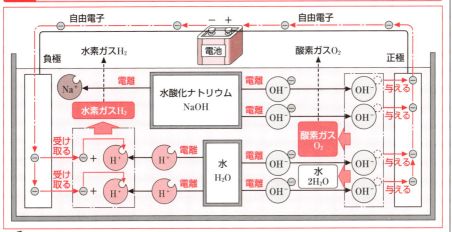

  電気分解は電解液に電流を流して電解質を化学的に分解する

- ❖ 電解質の例として，水酸化ナトリウム（NaOH）を水に溶かして電解液にすると，正イオンのナトリウムイオン（Na⁺）と負イオンの水酸化物イオン（OH⁻）に電離します．また，水（H₂O）も少し電離して，正イオンの水素イオン（H⁺）と負イオンの水酸化物イオン（OH⁻）に電離します．
- ❖ 電解液に2枚の電極板を離して対立させ，これに直流電源をつなぐと，正・負両電極板間に電圧が加わり，電流が流れます（**図3**）．
- 電源の正極電極板周辺には，負イオンである水酸化物イオン（OH⁻）が吸引されて集まり，水酸化物イオン（OH⁻）は，もっている自由電子を正極電極板に与えます．
- これにより，4個の水酸化物イオン（OH⁻）は4個の自由電子を失ったので集まって，2個の水分子（H₂O）と1個の酸素分子（O₂）になります． 4OH⁻→2H₂O+O₂+4e⁻（自由電子）
  水（H₂O）は，そのまま電解液中に残り，酸素がガスとして液外に出てきます．
- ❖ 電源の負極電極板周辺には，正イオンであるナトリウムイオン（Na⁺）と水素イオン（H⁺）が吸引されて集まります．
- ナトリウムイオン（Na⁺）は，水素イオン（H⁺）よりイオン化傾向が大きいので，イオンの状態を続けて，水素イオン（H⁺）が電源の負極電極板から自由電子を受け取ります．
- これにより，2個の水素イオン（H⁺）と2個の自由電子で1個の水素分子（H₂）ができ，水素ガスとして液外に出てきます． 2H⁺+2e⁻（自由電子）→H₂
- ❖ この場合，外見上，電解液内の水酸化ナトリウム（NaOH）はイオンとして残り，水（H₂O）だけが電流により，水素ガス（H₂）と酸素ガス（O₂）に分解されたことになります．
- 電解液に電流が流れて物質を化学的に分解する現象を"**電気分解**"または"**電解**"といいます．

53

●電気理論の基礎知識

Q21 ファラデーの電気分解の法則とはどういう法則なのか

元素	原子量	原子価	化学当量〔g〕	電気化学当量〔×10⁻⁴g／C〕	備考
ナトリウム	22.989	1	22.989	2.383	● 1mol〔モル〕の電気量は，含まれる要素粒子数 6.0221367×10^{23} 個に自由電子の電気量 1.602176×10^{-19}〔C〕を掛けた値 Q_0 である． $Q_0 = 96\,485$〔C〕 ● ファラデー定数は，1mol当たりの電荷量をいう． ● 物質を表す化学式で示される元素の原子量の和を化学式量といい，1molとは，この化学式量にグラムを付けた質量に含まれる物質量をいう．
アルミニウム	26.981	3	8.996	0.932	
塩素	35.446	1	35.446	4.206	
カルシウム	40.078	2	20.039	2.076	
鉄	55.845	3	18.615	1.929	
ニッケル	58.693	2	29.346	3.041	
コバルト	58.933	2	29.466	3.054	
銅	63.546	2	31.773	3.292	
亜鉛	65.382	2	32.691	3.388	
銀	107.868	1	107.868	11.180	
すず	118.710	4	29.677	3.075	
白金	195.084	4	48.771	5.058	
金	196.966	3	65.655	6.81	
水銀	200.592	2	200.592	10.395	
鉛	207.2	2	103.6	10.737	

A ファラデーの電気分解の法則は電気分解で析出する物質量に関する法則である

❖電気分解に関しては，次のような"ファラデーの電気分解の法則"があります．
 1．電極に析出する物質の量は，移動する電気量に比例する
 2．同一電気量では，物質の種類に関係なく，同一化学当量の物質を析出する
 ・化学当量とは，原子量を原子価で割った値に相当する量をいいます．
❖電気分解における電流は，電解液中の正イオン・負イオンの移動によって生ずるので，正極，負極に析出する物質の量は，イオンが運んだ電気量に比例するということです．
● 電解液に I〔A〕の直流電流を t 秒間流したとすると，電気量 Q は，$Q = It$〔C〕 です．
 電解液の中で分解される物質の量 w は，その化学当量(原子量／原子価)を e〔g〕，比例定数を k とすると，$w = keIt = keQ$〔g〕 ……（1） となります．
● ke は，物質に応じて一定の値で，電気分解において，1〔C〕の電気量の移動によって析出する物質量〔g〕を示し，これを物質の"**電気化学当量**"といいます．
 ─（1）式で，$Q = 1$〔C〕とすると，$w = ke \times 1$　$w = ke$〔g〕 となる─
● 1グラム当量 e〔g〕を析出するのに要する電気量 Q_0〔C〕は，（1）式で $w = e$ とすると，
 $e = keQ_0$　　$1 = kQ_0$　　$Q_0 = 1/k$〔C〕 ……（2） となります．
 ─1グラム当量とは，化学当量にグラムを付けた値をいう─
●（2）式は，1グラム当量の物質を析出するには，物質の種類によらず一定の電気量 Q_0〔C〕を必要とすることを示します．これを，電気化学における電気量の単位として，1ファラデーまたはファラデー定数といいます．1ファラデー＝96 485〔C〕です(上欄参照)．

4. 電流により電解質は電気分解する

Q22 電気めっきとはどういうことなのか

図4　硫酸銅による銅めっき（例）

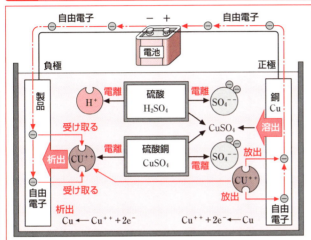

- **正極で銅が電解液に溶け込む理由**
- 銅と硫酸第一銅（CuSO₄）が反応して硫酸第二銅（Cu₂SO₄）となります。
  $Cu + CuSO_4 \rightarrow Cu_2SO_4$
- 硫酸第二銅（Cu₂SO₄）と硫酸（H₂SO₄），空気中の酸素O₂が反応して硫酸第一銅（CuSO₄）となります。
  $2Cu_2SO_4 + O_2 + 2H_2SO_4 \rightarrow 4CuSO_4 + 2H_2O$
- 正極の銅は電解液（CuSO₄）になって継続的に溶け込みます。

A　電気めっきは電気分解により析出した金属で表面を被膜する

- 電気めっきは，めっきされる金属（製品）を負極とし，正極にはめっきする金属（可溶性正極）を用い，めっきする金属イオンを含む電解液の中で，両電極間に電流を流して電気分解を行います。
  これにより，めっきする金属イオンは負極に吸引され，めっきされる金属（製品）の表面で電子を受け取って，元の金属に戻って析出し，めっき被膜を生成します。
- **可溶性正極**とは，めっきの進行に伴って，金属が電解液に溶解する正極をいいます。
- 例として，硫酸銅による銅めっきについて説明しましょう（図4）。
- 正極を金属銅，負極を被めっき物（製品）とし，硫酸銅（CuSO₄：硫酸第一銅）と硫酸（H₂SO₄）を電解液として，直流電源につなぎます。
- 電解液中では，硫酸銅（CuSO₄）は電離して2価の銅イオンCu^{++}と2価の硫酸イオンSO_4^{--}になり，硫酸は1価の水素イオンH^+と2価の硫酸イオンSO_4^{--}に電離します。
  　　硫酸銅　$CuSO_4 \rightarrow Cu^{++} + SO_4^{--}$　　　　硫酸　$H_2SO_4 \rightarrow 2H^+ + SO_4^{--}$
- 正イオンの2価の銅イオンCu^{++}は，負極（製品）界面まで吸引され，直流電源により運ばれてきた自由電子2個をもらって，金属銅として負極（製品）表面に析出して銅被膜を生成します。
  　　　　　　　$Cu^{++} + 2e^-$（電子）$\rightarrow Cu$（金属銅）
- 正極の金属銅は，電解液の界面でイオン化反応を起こし，自由電子を放出して2価の銅イオンCu^{++}となります。$Cu \rightarrow Cu^{++} + 2e^-$　銅は電解液と反応し溶け込みます（図4参照）。
  これにより，銅めっきに必要な銅イオンCu^{++}は継続して供給され，正極で溶解した銅の量と，負極で析出した銅の量が同じならば，電解液中の銅イオンの量は変わらなくなります。

55

●電気理論の基礎知識

Q23 ボルタの電池とはどんな電池なのか

図5 ボルタの電池の原理

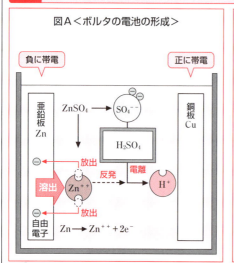

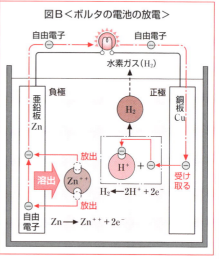

A ボルタの電池は銅と亜鉛のイオン化傾向の違いで電気を生み出す

- 金属は，液体に触れると自由電子を失って正イオンになる傾向があり，これを**イオン化傾向**といいます．そして，電解液の中に浸したイオン化傾向の異なる2種類の金属がもつ化学エネルギーを電気エネルギーに変えて，外部に取り出す装置を"**電池**"といいます．
- イタリアの科学者ボルタ(1745～1827年)が発明したボルタの電池について説明します(図5)．
- ガラスの容器に希硫酸(H_2SO_4)を入れ，その中に銅板(Cu)と亜鉛板(Zn)の電極を対立させて浸します．
- 希硫酸(H_2SO_4)は，水溶液中で，1価の水素イオン(H^+)と2価の硫酸イオン(SO_4^{--})に電離して，電解液になります．
- 亜鉛と銅では亜鉛の方がイオン化傾向が大きいので，亜鉛板からは亜鉛イオンZn^{++}となって電解液の中に溶け出し，$Zn \rightarrow Zn^{++}+2e^-$の反応をして，亜鉛板に自由電子$2e^-$を放出します．この自由電子の放出により，亜鉛板は負に帯電します．
- 電解液の中で水素イオン(H^+)は，この亜鉛イオン(Zn^{++})に反発されて銅板に付着します．これにより，銅板は正に帯電します(図5A)．
- この状態で，亜鉛板と銅板に導線で電球をつなぐと，亜鉛板の自由電子が導線を通って正に帯電した銅板に移動し，電流が流れ，電球が点灯します(図5B)．
- 銅板に付着している水素イオン(H^+)は，銅板に達した自由電子と　$2H^+ + 2e^- \rightarrow H_2$　の反応により結合し，水素ガス(H_2)となります．

4．電流により電解質は電気分解する

Q24 鉛蓄電池はどういう電池なのか

図6 鉛蓄電池の放電

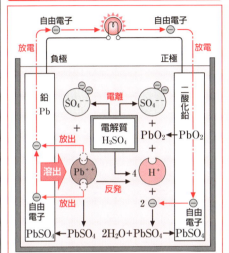

図7 鉛蓄電池の充電

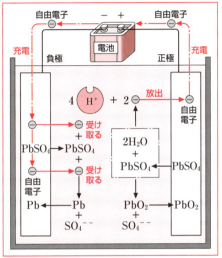

A 鉛蓄電池はボルタ電池と異なり，放電したら充電できる

- 鉛蓄電池は，正極を二酸化鉛(PbO_2)，負極を鉛(Pb)とし，電解液に希硫酸(H_2SO_4)を用います。電解液の希硫酸(H_2SO_4)は，水素イオン(H^+)と硫酸イオン(SO_4^{--})に電離します(図6)。
- 負極では，鉛が鉛イオン(Pb^{++})となって電解液の中に溶け出し $Pb \rightarrow Pb^{++} + 2e^-$ の反応をして，自由電子 $2e^-$ を負極に放出します。
- 水素イオン(H^+)は，この鉛イオン(Pb^{++})に反発されて，二酸化鉛の正極に付着します。
- 負極の自由電子は，導体を通って正極に移動し，これにより電流が流れて，電球が点灯します。
正極に達した自由電子と二酸化鉛(PbO_2)，水素イオン(H^+)，硫酸イオン(SO_4^{--})とが，
$PbO_2 + 4H^+ + SO_4^{--} + 2e^- \rightarrow Pb_2SO_4 + 2H_2O$
の反応をして，硫酸鉛と水が発生します。これにより，正極は硫酸鉛に覆われます。
- 負極では，鉛イオン(Pb^{++})と硫酸イオン(SO_4^{--})が反応して，硫酸鉛となります。
負極は，硫酸鉛で覆われます。ここで放電は終了します。
- 直流電源の正側を鉛蓄電池の正極，負側を負極につないで充電します(図7)。
- 鉛畜電池の負極では，硫酸鉛($PbSO_4$)が自由電子を受け取って，$PbSO_4 + 2e^- \rightarrow Pb + SO_4^{--}$ の反応により，鉛(Pb)と硫酸イオン SO_4^{--} に電解し，負極は鉛に戻ります。
- 鉛蓄電池の正極では，硫酸鉛と水で，$PbSO_4 + 2H_2O \rightarrow PbO_2 + 4H^+ + SO_4^{--} + 2e^-$ の反応をして，二酸化鉛(PbO_2)と水素イオン(H^+)，硫酸イオン(SO_4^{--})に電離し，自由電子が放出されます。これにより，正極は元の二酸化鉛(PbO_2)に戻ります。

57

●電気理論の基礎知識

5 電流が流れると磁界ができる

Q25 電流が流れる近くに磁針を置くとどうなるのか

| 図1 | 磁針は電線(電流)と直角に振れる |

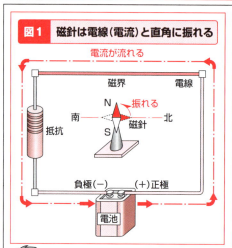

| 図2 | 磁極と磁界の強さ |

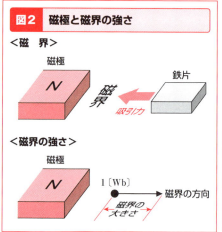

A 電流の周囲に磁界ができ，磁針が振れる

- 図1のように，一つの磁針の上方に磁針に沿って電線を張って電流を流すと，磁針は南北を指さずに，電線(電流)と直角の方向を向くようになります．
  また，電線に流す電流の向きを逆にすると，磁針は反対の方向に振れます．
- この実験から，電線に電流が流れると，電線の周りに磁界(磁石と同じ力が作用する空間)が生ずることがわかります．この現象は，デンマークの物理学者であるエルステッド(1777～1851年)が，実験により発見しました．これを"**電流の磁気作用**"といいます．
- 磁石の磁極が，鉄片を吸引し，あるいは他の磁石の磁極を吸引または反発する作用は，その磁極から離れたところまで及びます(図2)．
  この磁石の磁極の影響が及んでいる空間を"**磁界**"といいます．
- 磁界の大きさは，磁界中の任意の点における1ウエーバ[Wb]の正磁極に作用する力の大きさをいい，その力の方向を磁界の方向とします．
- 磁界の強さは，大きさと方向をもつベクトル量で表されます．

5．電流が流れると磁界ができる

Q26 直線電線に流れる電流はどのような磁界をつくるのか

図3 磁針は同心円状に振れる	図4 直線電流による磁界
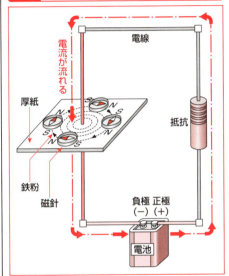	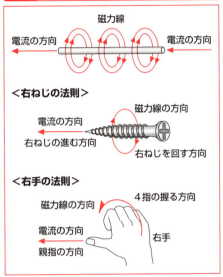

A 電流は電線を中心に同心円状に磁界をつくる

- ❖電流が流れると電線の周囲には，どのような磁界ができるのかを調べてみましょう．
- 図3のように，厚紙の中央に電線を垂直に通し，電線の上から下に向う電流を流し，厚紙の上に細かい鉄粉をまき，4か所に磁針を置いて，厚紙を指先で軽くたたくと，鉄粉は電線を中心とした多くの同心円状に並びます．
  また，この状態で電流の流れる方向を逆にすると，磁針のN極の向きも反対になります．
- このことから，電流の周囲には，電線（電流）と垂直な平面内に，電線を中心とした同心円状に磁界ができることがわかります．
- ❖厚紙上に描かれる同心円状の鉄粉の並びと磁針のN極の向きは，磁界の状態を示します．これを連続する線として表した指力線を"**磁力線**"といいます．
- 直線の電線に流れる電流による磁界の状態を磁力線を用いて示したのが，図4です．
- ❖電流の流れる方向と電流により生ずる磁力線の方向の関係を知るには，"右ねじの法則"と"右手の法則"があります（図4）．
- **右ねじの法則** "右ねじの進む方向を電流の流れる方向としたとき，右ねじを回す方向が磁力線（N極）の方向となる"ということです．
- **右手の法則** "右手の親指を電流の流れる方向に向けて電線を握ったとき，他の4本の指の向きが，磁力線（N極）の方向となる"ということです．

59

●電気理論の基礎知識

Q27 電流によりコイルはどのような磁界をつくるのか

図5 電流による1巻のコイルの磁界

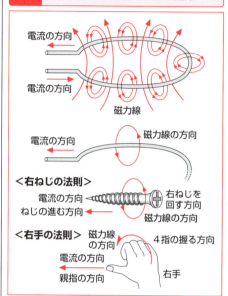

図6 電流によるコイルの磁界

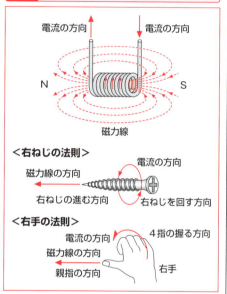

A 電流はコイルの中を通る環状の磁界をつくる

- ✥電線を環状にした1巻きのコイルに電流を流した場合の磁界の状態を示したのが，図5です．
- ●電線を環状にした1巻きのコイルに，図5のように電流を流すと，右ねじの法則または右手の法則により，コイル全周にわたり，電線を中心とした同心円状に磁力線が生じます．
- ●全周に生じている磁力線の方向は，コイルの内側ですべて一致しますから，合成されて下側から上側に向かって，コイル内を通過します．
- ✥電線を密接して筒形に巻いたコイルに電流を流した場合の磁界の状態を示したのが図6です．
- ●電線を密接して巻いたコイルでは，各巻線の磁力線は合成されて，コイルの一端から他端までの内部を通過して，外部のコイル全部の電線を取り巻く環状の磁力線が生じます．
 これにより，コイルの両端に磁石と同じN極とS極ができます．
- ✥電線を環状にしたコイルにおいて，電流の流れる方向と，電流により生ずる磁力線（N極）の方向についての"右ねじの法則"と"右手の法則"は，次のとおりです（図6）．
  - ●**右ねじの法則** "コイルに流れる電流の方向に，右ねじを回す向きを合わせると，右ねじの進む方向が，コイルの中を通る磁力線（N極）の方向となる"ということです．
  - ●**右手の法則** "右手の4指をコイルの電流の流れる方向に握ったとき，親指の方向が，コイルの中を通る磁力線（N極）の方向となる"ということです．

5．電流が流れると磁界ができる

Q28 ビオ・サバールの法則とはどのような法則なのか

図7 ビオ・サバールの法則

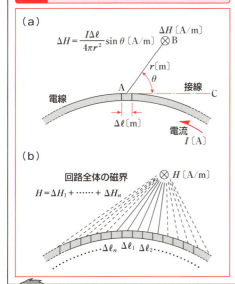

図8 円形コイル中心の磁界

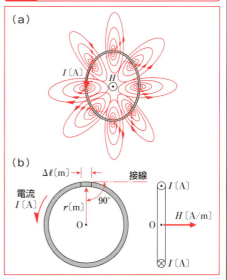

A ビオ・サバールの法則は電流による磁界の強さを表す法則である

- 電線に電流が流れているときに，その周囲に生じる磁界の強さは，フランスの科学者ビオ(1774〜1862年)とサバール(1791〜1841年)が，実験によって明らかにした"ビオ・サバールの法則"により求めることができます(図7)．
- 図7の(a)のように，電線に電流 I〔A〕が流れているときに，電線上の微小部分 $\Delta\ell$〔m〕のA点から，r〔m〕離れたB点に生じる磁界の大きさ ΔH は，$\Delta\ell$ の接線 $\overline{AC}$ と $\overline{AB}$ とのなす角を θ とすれば，

$$\Delta H = \frac{I\Delta\ell}{4\pi r^2}\sin\theta\ 〔A/m〕$$

となり，これをビオ・サバールの法則といいます．
B点の磁界の方向は，右ねじ(右手)の法則に従います．
- ビオ・サバールの法則で求められる磁界の強さは，電線の微小部分に流れる電流によるものなので，回路全体の電流による磁界の強さは，これらを全部加えたものとなります(図7の(b))．
- ビオ・サバールの法則を用いて，図8のような半径 r〔m〕の1巻きの円形コイルに，電流が I〔A〕流れたときの，円形コイルの中心Oに生ずる磁界の強さを求めてみます．
- 円形コイル上に微小部分 $\Delta\ell$〔m〕をとれば，$\Delta\ell$〔m〕部分の接線と円の半径 r は互いに直角(90°)ですから，$\sin\theta = \sin 90° = 1$ となります．
この関係は，円周のどの部分でも成り立ちます．

―次ページへ続く―

61

●電気理論の基礎知識

Q29 円形コイルの中心点の磁界はどう求めるのか

図9 円形コイルの中心点の磁界

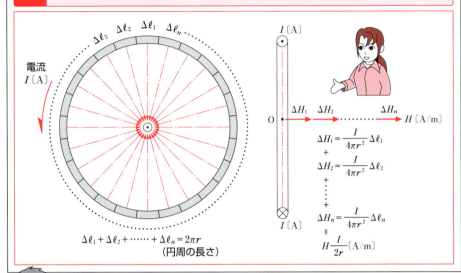

$\Delta \ell_1 + \Delta \ell_2 + \cdots\cdots + \Delta \ell_n = 2\pi r$
（円周の長さ）

$\Delta H_1 = \dfrac{I}{4\pi r^2}\Delta \ell_1$
$\Delta H_2 = \dfrac{I}{4\pi r^2}\Delta \ell_2$
$\Delta H_n = \dfrac{I}{4\pi r^2}\Delta \ell_n$
$=$
$H\dfrac{I}{2r}$〔A/m〕

A 円形コイルの中心点の磁界の強さは $I/2r$〔A/m〕である

- 円形コイルの円周上の微小部分 $\Delta \ell_1$，$\Delta \ell_2$，……，$\Delta \ell_n$ により，円の中心Oに生ずる磁界の強さを ΔH_1，ΔH_2，……，ΔH_n とすると，各微小部分の磁界の強さは，

$$\Delta H_1 = \dfrac{I\Delta \ell_1}{4\pi r^2}, \quad \Delta H_2 = \dfrac{I\Delta \ell_2}{4\pi r^2}, \quad \cdots\cdots, \quad \Delta H_n = \dfrac{I\Delta \ell_n}{4\pi r^2} \quad \text{となります（図9）}.$$

- 円形コイル中心Oの磁界の強さ H は，これら微小部分の磁界の強さを合成した値となります．

$$H = \Delta H_1 + \Delta H_2 + \cdots\cdots + \Delta H_n = \dfrac{I\Delta \ell_1}{4\pi r^2} + \dfrac{I\Delta \ell_2}{4\pi r^2} + \cdots\cdots + \dfrac{I\Delta \ell_n}{4\pi r^2}$$

$$= \dfrac{I}{4\pi r^2}(\Delta \ell_1 + \Delta \ell_2 + \cdots\cdots + \Delta \ell_n)$$

ここで $(\Delta \ell_1 + \Delta \ell_2 + \cdots\cdots + \Delta \ell_n)$ は，円形コイルの円周の長さ $2\pi r$ です．

したがって，円形コイルの中心Oの磁界の強さ H は，

$$H = \dfrac{I}{4\pi r^2} \times 2\pi r = \dfrac{I}{2r} \text{〔A／m〕} \quad \text{となります．}$$

✤円形コイルが1巻きでなく，N 巻きが密に巻いてある場合の中心Oの磁界の強さ H_N は，1巻きの N 倍となります．

$$H_N = \dfrac{I}{2r}N \text{〔A／m〕}$$

Q30 円形コイルの中心軸上の磁界の強さはどう求めるのか

図10 円形コイルの中心軸上の磁界

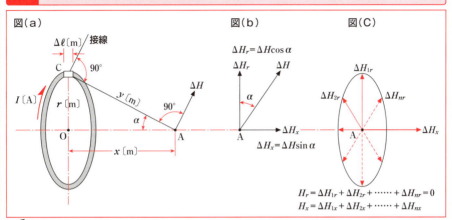

A 中心軸上の磁界の強さは $Ir^2/2(r^2+x^2)^{\frac{3}{2}}$ 〔A/m〕である

- ビオ・サバールの法則を用いて，図10(a)のように半径 r〔m〕の1巻きの円形コイルに，電流が I〔A〕流れたときの，中心Oから x〔m〕離れた中心軸上のA点の磁界の強さを求めてみます．
- 円形コイル上の任意の微小部分 $\Delta \ell$〔m〕に流れる電流 I〔A〕によって，A点に生ずる磁界の強さ ΔH は，接線とACの角度が90°ですので，$\sin 90°=1$ となり，

$$\Delta H = \frac{I\Delta \ell}{4\pi y^2}\sin 90° = \frac{I\Delta \ell}{4\pi y^2}\ \text{〔A/m〕}\quad となります．$$

- ΔH を，図10(b)のように，中心軸方向の ΔH_x と軸に垂直な ΔH_r の磁界の強さに分解すると，
$\Delta H_x = \Delta H \sin\alpha \qquad \Delta H_r = \Delta H \cos\alpha \qquad$ となります．
- 円周上の全微小部分に流れる電流 I によって生ずる ΔH_r は，図10(c)のように，軸に対して放射状に生ずることから，互いに打ち消し合って合成すると0になります．
- ΔH_x は，円形コイルの中心軸上に生ずることから，A点では同じ方向になるので加わります．円形コイル上の $\Delta \ell_1, \Delta \ell_2, \cdots , \Delta \ell_n$ の微小部分によるA点の磁界の強さを $\Delta H_1, \Delta H_2, \cdots , \Delta H_n$ とすると，全体の磁界の強さ H は，

$$H = \Delta H_1 \sin\alpha + \Delta H_2 \sin\alpha + \cdots + \Delta H_n \sin\alpha = \frac{I}{4\pi y^2}(\Delta \ell_1 + \Delta \ell_2 + \cdots \Delta \ell_n)\sin\alpha$$

この式で $(\Delta \ell_1 + \Delta \ell_2 + \cdots + \Delta \ell_n)$ は，円周の長さ $2\pi r$ です．

また，$\sin\alpha = \dfrac{r}{y} = \dfrac{r}{\sqrt{r^2+x^2}}$ となるので，磁界 H は，

$$H = \frac{I}{4\pi y^2} \times 2\pi r \times \frac{r}{y} = \frac{Ir^2}{2y^3} = \frac{Ir^2}{2(r^2+x^2)^{\frac{3}{2}}}\ \text{〔A/m〕}\quad となります．$$

● 電気理論の基礎知識

6 磁界中で電流が流れると力が働く

Q31 磁界中で電流が流れるとどうなるのか

図1 磁界中に電流が流れたときの磁力線図

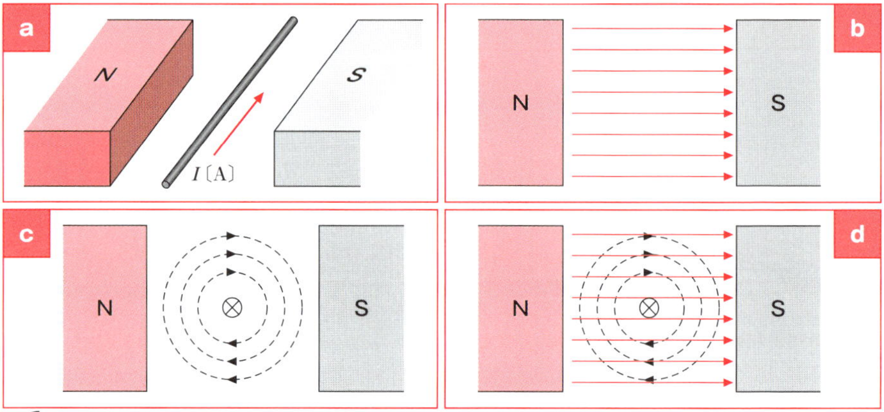

A 磁界中で電流が流れると力が働く

- 図1（a）のように，磁石のN極とS極の間に電線を置き，これに電流を矢印の方向に流した場合に生ずる磁界について，調べてみましょう．
- 磁石のN極とS極間では，図1（b）のように，磁力線はN極からS極に生じています．また，電線を流れる電流による磁力線は，図1（c）のように，右ねじの法則に基づいて同心円状に生じています．
- 磁極N，Sによる磁力線と電流による磁力線を重ね合わせると，図1（d）のようになり，電線の上側では，磁極による磁力線と電流による磁力線の方向が同じですので，図2（次ページ上欄参照）のように磁力線が密になります．また，電線の下側では二つの磁力線の方向が反対ですので，打ち消し合って疎になります．
- 磁力線は，湾曲した形になっています．こうした場合，磁力線は縮んで一直線になろうとする性質があるので，電線には下方に向って矢印の方向に力が作用します（図2：次ページ上欄参照）．
また，磁力線の密度が均一になるように，電線は磁力線が疎になった下方に力を受ける，ともいえます．

—次ページへ続く—

64

6. 磁界中で電流が流れると力が働く

Q32 電磁力の方向はどうすればわかるのか

図2 電流は下方に力を受ける **図3** フレミングの左手の法則

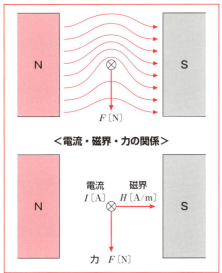

<電流・磁界・力の関係>

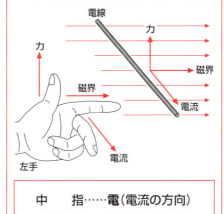

中　　指……**電**（電流の方向）
人差し指……**磁**（磁界の方向）
親　　指……**力**（力の方向）

A 電磁力の方向はフレミングの左手の法則でわかる

❖ 磁界中に電流が流れることにより生ずる力を**電磁力**といいます．この電磁力と磁界の方向，電流の方向には，一定の関係があります．

● 図3のように，左手の中指，人差し指，親指を，それぞれ直角に曲げ，中指を電流の方向，人差し指を磁界の方向に向けると，親指の方向が力，つまり電線に加わる力の方向を示します．
これを**フレミングの左手の法則**といいます．

❖ それでは，磁界中の電流に働く力の大きさを求めてみましょう．
次ページの図4（a）のように，m〔Wb〕の磁極から r〔m〕離れたところに I〔A〕の電流が流れる電線があるものとします．

● 電線上の $\Delta \ell$〔m〕の電流 I〔A〕によって，m〔Wb〕の磁極のあるA点に生ずる磁界の強さ ΔH〔A/m〕（次ページ図4（b）参照）は，ビオ・サバールの法則（Q28参照）により，次のようになります．

$$\Delta H = \frac{I \Delta \ell}{4 \pi r^2} \sin \theta \ \text{〔A/m〕} \cdots\cdots (1) \quad （次ページ図4（b）参照）$$

ΔH〔A/m〕の磁界中に m〔Wb〕の磁極が置かれていますので，m〔Wb〕に働く力 ΔF〔N〕（図4（c）参照）は，

$$\Delta F = m \Delta H \ \text{〔N〕} \cdots\cdots (2) \quad （Q34 (10)式説明参照）$$

—次ページへ続く—

65

●電気理論の基礎知識

Q33 電磁力の大きさはどう求めるのか

図4 磁界中の電流に働く力の大きさの求め方

a 磁界中に電流が流れる

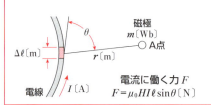

電流に働く力 F
$F = \mu_0 H I \ell \sin\theta \, [\mathrm{N}]$

b 電流によりA点に生ずる磁界 ΔH

―ビオ・サバールの法則―

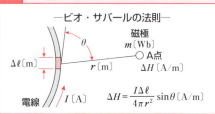

$\Delta H = \dfrac{I\Delta\ell}{4\pi r^2}\sin\theta \, [\mathrm{A/m}]$

c ΔH中の磁極 $m\,[\mathrm{Wb}]$ に働く力 ΔF

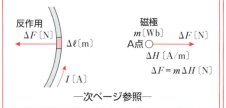

$\Delta F = m\Delta H \, [\mathrm{N}]$

―次ページ参照―

d 磁極 $m\,[\mathrm{Wb}]$ が $\Delta\ell$ に生ずる磁界 H

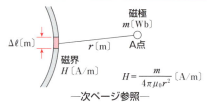

$H = \dfrac{m}{4\pi\mu_0 r^2} \, [\mathrm{A/m}]$

―次ページ参照―

A 電磁力の大きさは $F = \mu_0 H I \ell \sin\theta$ で求める

❖前ページの(2)式に(1)式を代入すると，

$$\Delta F = m\dfrac{I\Delta\ell}{4\pi r^2}\sin\theta = \dfrac{m}{4\pi r^2} I\Delta\ell\sin\theta \, [\mathrm{N}] \quad \cdots\cdots (3)$$

この ΔF の力が $m\,[\mathrm{Wb}]$ の磁極に働くということは，その反作用として磁極 $m\,[\mathrm{Wb}]$ によって，$\Delta\ell\,[\mathrm{m}]$ の電線に流れる電流 $I\,[\mathrm{A}]$ に ΔF と同じ大きさで，方向が反対の力が生じていることになります。

そして，$m\,[\mathrm{Wb}]$ の磁極により $r\,[\mathrm{m}]$ 離れた $\Delta\ell$ に生ずる磁界の強さ H（図4（d）参照）は，

$$H = \dfrac{m}{4\pi\mu_0 r^2} \, [\mathrm{A/m}] \quad \cdots\cdots (4) \qquad \text{（次ページ(9)式説明参照）}$$

ですから，(4)式を変形して，

$$\mu_0 H = \dfrac{m}{4\pi r^2} \quad \cdots\cdots (5)$$

です。(3)式に(5)式を代入すると，

$$\Delta F = \mu_0 H I \Delta\ell \sin\theta \, [\mathrm{N}] \quad \cdots\cdots (6)$$

となります。(6)式で $\Delta\ell$ を $1\,[\mathrm{m}]$ とすれば電線 $1\,[\mathrm{m}]$ 当たりに働く電磁力 F は，$F = \mu_0 H I \sin\theta \, [\mathrm{N}] \quad \cdots\cdots (7)$ です。

$I\,[\mathrm{A}]$ の電流が流れる $\ell\,[\mathrm{m}]$ の電線を，磁界 $H\,[\mathrm{A/m}]$ の中に置いたとすれば，電線に働く電磁力 F は，

$$F = \mu_0 H I \ell \sin\theta \, [\mathrm{N}] \quad \cdots\cdots (8)$$

となります。

6. 磁界中で電流が流れると力が働く

Q34 磁極から離れた点の磁界の強さはどう求めるのか

図5 磁気力に関するクーロンの法則

- 二つの磁極間に生ずる磁気力は，磁極の強さの相乗積に正比例し，磁極間の距離の2乗に反比例します．

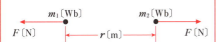

$$F = k\frac{m_1 \cdot m_2}{r^2} \text{ [N]}$$

比例定数 k は，真空中ならば，

$$k = \frac{1}{4\pi\mu_0}$$

μ_0 は真空中の透磁率で，
$\mu_0 = 4\pi \times 10^{-7}$ (μ : ミューと読む)

$$F = \frac{1}{4\pi\mu_0} \cdot \frac{m_1 \cdot m_2}{r^2} \text{ [N]}$$

図6 磁極から離れた点の磁界の強さ

- 磁極の強さ m [Wb] から，r [m] 離れたA点の磁界の強さ H [A/m] は，A点に+1 [Wb] を置いたときの力 F [N] をいいます．

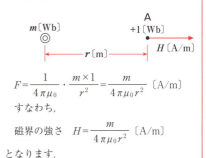

$$F = \frac{1}{4\pi\mu_0} \cdot \frac{m \times 1}{r^2} = \frac{m}{4\pi\mu_0 r^2} \text{ [A/m]}$$

すなわち，

磁界の強さ $H = \dfrac{m}{4\pi\mu_0 r^2}$ [A/m]

となります．

A 磁界の強さ H は $H = m/4\pi\mu_0 r^2$ [A/m] である

❖ 前ページの(4)式の m [Wb] の磁極から r [m] 離れた $\Delta\ell$ に生ずる磁界の強さ H [A/m] について説明します．"二つの磁極間に生ずる磁気力 F [N] は，磁極の強さの相乗積に正比例し，磁極間の距離の2乗に反比例する" これを"**磁気力に関するクーロンの法則**"といいます(図5参照)．

- 二つの磁極の強さを m_1 [Wb]，m_2 [Wb] とし，磁極間の距離を r [m] としたとき，生ずる磁気力 F [N] は，真空中では比例定数 k は，$k = 1/4\pi\mu_0$ となると知られているので，クーロンの法則は，

$$F = \frac{1}{4\pi\mu_0} \cdot \frac{m_1 m_2}{r^2} \text{ [N]} \qquad \text{となります．}$$

- 磁界の強さ H [A/m] は，磁界中の任意の点に+1 [Wb] を置いたときに作用する力をいいます．したがって，磁極の強さ m [Wb] から r [m] 離れた点の磁界の強さ H [A/m] は，その点に+1 [Wb] を置いたときに加わる力 Fですから，クーロンの法則により，

$$H = \frac{m \times 1}{4\pi\mu_0 r^2} = \frac{m}{4\pi\mu_0 r^2} \text{ [A/m]} \quad \cdots\cdots (9) \qquad \text{です(図6)．}$$

❖ ΔH の磁界中に m [Wb] の磁極を置いたときに働く力 ΔF [N] について説明します(Q 32 (2)式参照)．磁界の強さの定義を言い換えると，ある点の磁界の強さが H [A/m] ならば，その点に+1 [Wb] の磁極を置けば，H [N] の磁気力を生ずるということです．したがって，磁界の強さ H [A/m] の磁界中に m [Wb] の磁極を置けば，加わる力 F は，$F = mH$ [N] $\cdots\cdots (10)$ ということです．

●電気理論の基礎知識

Q35 二つの電流相互間にはどういう力が働くのか

図7　二つの電流相互間に働く力の方向　　　―同方向の電流の場合―

a 同方向に流れる二つの電流

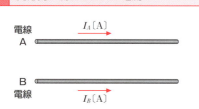

b I_A の磁界 H_A により I_B に働く力 F_B

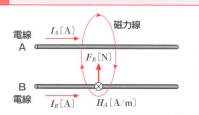

c I_B の磁界 H_B により I_A に働く力 F_A

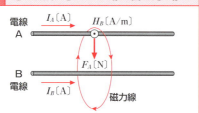

d 同方向の電流には吸引力が働く

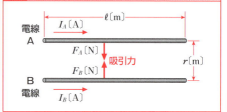

  同方向の電流ならば相互に吸引力が働く

- 図7（a）のように，平行な2本の電線A，Bに，同じ方向に I_A〔A〕，I_B〔A〕の電流が流れたときに働く力を求めてみましょう．
- 図7（b）のように，電線Aの電流 I_A〔A〕による磁力線は同心円状に生じ，この磁界 H_A〔A/m〕の中に，電線Bの電流 I_B〔A〕が流れているので，フレミングの左手の法則により，電流 I_B には，上向きの力 F_B〔N〕が生じます．
- 図7（c）のように，電線Bの電流 I_B〔A〕による磁力線は同心円状に生じ，この磁界 H_B〔A/m〕の中に，電線Aの電流 I_A〔A〕が流れているので，フレミングの左手の法則により，電流 I_A には，下向きの力 F_A〔N〕が生じます．
- この図7（b）（c）をまとめると，同方向に流れる二つの電流には，図7（d）のように，互いに吸引する力が生じることになります．
- 2本の電線A，Bに流れる電流 I_A〔A〕と I_B〔A〕が反対方向ならば，働く力の方向は反対になり，電流相互間には反発力が生じます．
- このように電流と電流の相互間に作用する力を**電流力**といい，これを**電流力作用**といいます．
- それでは，二つの平行な直線電流の相互間に働く力の大きさを求めてみましょう．
- 図7（d）のように，ともに長さ ℓ〔m〕の平行な直線電線に同方向の電流 I_A〔A〕，I_B〔A〕を流し，r〔m〕の間隔としたときに生ずる力の大きさを求めてみましょう．　　　―次ページへ続く―

68

Q36 長方形コイルの電流にはどう力が働くのか

図8 直線電流のつくる磁界の強さ

アンペアの周回路の法則

● 電流のつくる磁界中で磁界の強さが等しいところをたどり，1周したときの磁路の長さ ℓ と，磁界の強さ H の積は，そこに含まれる電流に等しい．

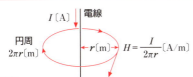

〔例〕
直線状の電線に電流 I〔A〕が流れているとき r〔m〕離れた点の磁界の強さ H〔A/m〕と半径 r の円周の長さ $2\pi r$ の積は電流 I に等しい．

$$H \cdot 2\pi r = I \quad H = \frac{I}{2\pi r} \text{〔A/m〕}$$

図9 長方形コイルにはトルクが生ずる

―電動機の原理―

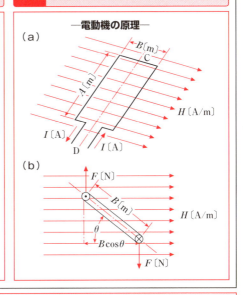

A 長方形コイルの両辺に働く電磁力でトルクを生ずる

● 電線Aの電流 I_A〔A〕による r〔m〕離れた電線Bの部分に生じる磁界 H_A はアンペアの周回路の法則（図8参照）から，

$$H_A = \frac{I_A}{2\pi r} \text{〔A/m〕} \quad \cdots\cdots (11)$$

です．磁界 H_A 中に電流 I_B が流れているときの電磁力 F はQ33の(8)式より，$F = \mu_0 H_A I_B \ell \sin\theta \cdots\cdots (12)$
電磁力 F の方向は，電流 I_A，I_B を含む平面に垂直なので，θ は90°となり，(12)式に(11)式を代入すると，$F = \mu_0 H_A I_B \ell \sin 90° = \mu_0 \dfrac{I_A}{2\pi r} I_B \ell \times 1 = 4\pi \times 10^{-7} \times \dfrac{I_A \cdot I_B}{2\pi r} \ell = 2\dfrac{I_A \cdot I_B}{r} \ell \times 10^{-7}$〔N〕

❖図9(a)のように，H〔A/m〕の平等磁界中にある A〔m〕×B〔m〕の長方形のコイルに I〔A〕の電流が流れたときに電磁力によって生じるトルクを求めてみましょう．
この場合，コイルの辺Aは磁界と直角，辺Bは平行に置かれているので電磁力は生じず，辺Aは磁束を切るので電磁力 F はQ33の(8)式から，$F = \mu_0 HIA \sin 90 = \mu_0 HIA$〔N〕となります．

● 電磁力の方向は，フレミングの左手の法則により，図9(b)のように生じ，コイルはその軸CDを中心軸にして，時計方向に回るトルクを生じます．トルク T は，力 F の直角の腕の長さが $B\cos\theta$ となるので，$T = FB\cos\theta$〔m・N〕となります．
このトルク T は，電動機の原理として応用されています．

●電気理論の基礎知識

7 磁界中で電線が動くと起電力を生ずる

Q37 電磁誘導作用とはどんな現象なのか

図1 磁界と電線が相対的に運動するときの電磁誘導作用

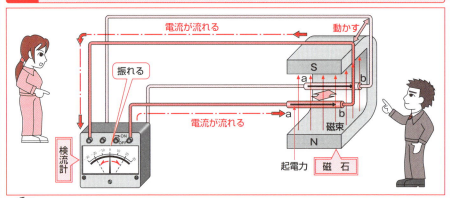

A 電磁誘導作用は磁界と電線が相対的に動くと起電力を生ずる

- 前項で，磁界中で電流が流れると力が働くことを説明しました．これとは逆に力を加えて磁界と電線が相対的に運動するとき，または電線と鎖交する磁束が変化するとき，電線に起電力が誘導し，電流が流れます．この現象を**電磁誘導作用**といいます．ここでは，磁界と電線が相対的に運動する場合の電磁誘導作用について説明します．
- 図1のように，磁石のN極とS極の磁界中に電線を置いて，微小電流が測れる検流計を電線の両端につなぎます．
- そこで，電線を前後に動かすと，電線が磁界中の磁束を切って，起電力を誘導し，検流計の針が振れることにより，電線に電流が流れることがわかります．
- これを細かく観察すると，次のようなことがわかります．
  - 電線を動かしても，磁石を動かしても検流計が振れる．
  - 動かす方向が反対になると，検流計の振れは反対になる．
  - 動かし方が速いほど検流計の振れは大きくなる．
  - 動かすのをやめると，検流計は振れない．
- このような現象を電磁誘導作用といい，その起電力を**誘導起電力**，流れる電流を**誘導電流**といいます．

70

7. 磁界中で電線が動くと起電力を生ずる

Q38 起電力の方向はどう求めるのか

図2 フレミングの右手の法則

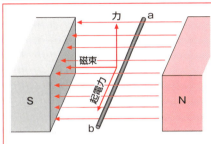

右（ミギ）→ 起電（キデン）

中　指 …… 起（起電力の方向）
人差し指 …… 磁（磁束の方向）
親　指 …… 力（磁束を切る方向）

図3 フレミングの左手の法則

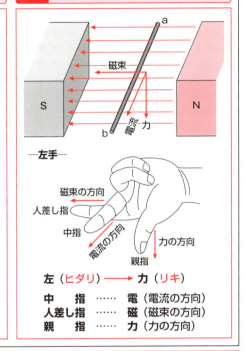

左（ヒダリ）→ 力（リキ）

中　指 …… 電（電流の方向）
人差し指 …… 磁（磁束の方向）
親　指 …… 力（力の方向）

A 起電力の方向はフレミングの右手の法則でわかる

- 直線電線と磁界との相互運動によって生ずる起電力の方向は，フレミングの右手の法則を用いると知ることができます．
- **フレミングの右手の法則**とは，磁石のN極とS極との磁界中に電線を置き，右手の親指，人差し指，中指を互いに直角に曲げて，人差し指を磁束（N極からS極）の方向に，親指を電線の運動の方向に向けると，中指の方向に起電力を生ずるということです（図2）．
- 電磁誘導作用は，物理の勉強で習う力の作用に対する反作用と同じように現われる現象をいいます．図2において，電線を上方に動かすと，フレミングの右手の法則で電線のaからbの方向に起電力が生じ電流が流れます．
- そこで，**図3**のように，同じ磁界中で電線にaからbの方向に電流が流れると，**フレミングの左手の法則**（Q 32参照）で，電線には下向きの力が生じます．
- つまり，電線を上に動かすと，電線にはこの上への運動を妨げる下向きの力が働くような起電力が生じるということです．

71

● 電気理論の基礎知識

Q39 起電力の大きさはどう求めるのか

図4 電線が磁界中を一定の速度で動いた場合の誘導起電力

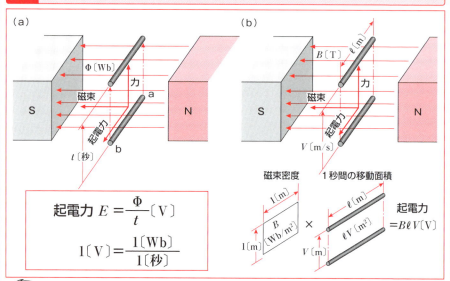

A 起電力の大きさは $E=B\ell V$ で求める

- 電磁誘導作用に関し，イギリスの物理学者ファラデーが1831年に実験により求めた，次のようなファラデーの電磁誘導の法則があります．
  電磁誘導によって回路に誘導される起電力は，その回路を貫く磁束の，時間に対して変化する割合に比例する．
- 図4（a）のように，磁石のN極とS極の磁界中に電線を置き，t 秒間に一定の速さで Φ〔Wb〕の磁束を切ったとすれば，ファラデーの法則により，誘導する起電力 E は，$E=\Phi/t$〔V〕となります．つまり，1本の運動する電線が，1秒間に1〔Wb〕の磁束を切れば，1〔V〕の起電力を誘導するということです．
- 図4（b）に示すように，長さ ℓ〔m〕の電線が，磁束密度 B〔T〕の平等磁界中を磁束に直角方向に V〔m/s〕の一定速度で直線運動するときに誘導する起電力 E〔V〕を求めてみましょう．
- 電線は，1秒間に V〔m〕移動しますから，1秒間に電線が移動した面積は，速度 V と長さ ℓ の積，つまり，ℓV〔m²〕となります．
- 磁束密度 B〔T〕とは，磁束が1〔m²〕当たり B〔Wb〕であるということですから，面積 ℓV〔m²〕での磁束は $B \times \ell V$〔Wb〕となります．
- 1秒間に1〔Wb〕の磁束を切れば起電力が1〔V〕誘導するのですから，この場合，1秒間に $B\ell V$〔Wb〕の磁束を切るので，誘導する起電力 E〔V〕は，$E=B\ell V$〔V〕……（1）となります．

7. 磁界中で電線が動くと起電力を生ずる

Q40 電線が角度θの方向に運動するときの起電力の大きさはどう求めるのか

図5 電線が角度θで1秒間移動

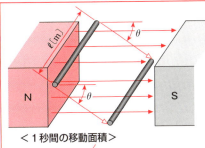

＜1秒間の移動面積＞

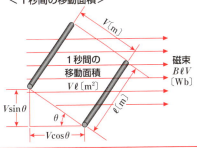

図6 速度Vのベクトル分解

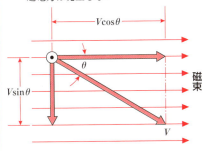

- $V\cos\theta$ は磁束と同方向のため磁束を切りません。
  ―起電力は発生しない―

- $V\sin\theta$ は磁束と直角方向のため磁束を切ります。
  ―起電力が発生する―

$$E = B\ell V\sin\theta \ [V]$$

A 起電力の大きさは $E = B\ell V\sin\theta$ で求める

- 図5のように，磁束密度 B 〔T〕の平等磁界中で，長さ ℓ 〔m〕の直線電線が，磁界の方向に対して θ の角度の方向に一定の速度 V 〔m/s〕で運動する場合に誘導する起電力を求めてみます。
- 速度 V 〔m/s〕のベクトルは，図6のように，磁束の方向へ $V\cos\theta$ 〔m/s〕の速度で運動する成分と，磁束と直角な方向へ $V\sin\theta$ 〔m/s〕の速度で運動する成分に分解することができます。
- この場合，$V\cos\theta$ 〔m/s〕の速度は，磁束の方向と平行となり，まったく磁束を切らないので，起電力は生じないことになります。
  一方，$V\sin\theta$ 〔m/s〕の速度は，磁束と直角に磁束を切るので，起電力を生ずることになります。
- したがって，磁界の方向に対して，θ の角度で運動する場合の起電力 E〔V〕は，前ページの(1)式の V の代わりに $V\sin\theta$ を入れて $E = BV\ell\sin\theta$〔V〕 となります。
- 電線の平等磁界中をいつまでも一定方向に動かすことは，実際になかなかできません。しかし，電線を回転運動させれば，電磁誘導作用によって，連続的に起電力を発生することができます。これが発電機の原理で，次ページで説明します。

● 電気理論の基礎知識

Q41 交流発電機はどのようにして起電力を発生するのか

図7 交流発電機の原理図

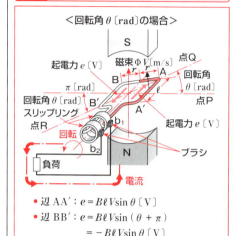

- 辺 AA′：$e = B\ell V \sin\theta \, [V]$
- 辺 BB′：$e = B\ell V \sin(\theta + \pi)$
   $= -B\ell V \sin\theta \, [V]$
   $(\sin(\theta + \pi)) = -\sin\theta$

図8 回転角 $\theta = 0 \, [rad]$ の起電力

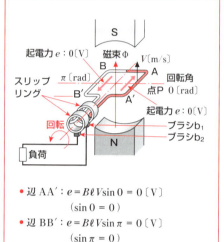

- 辺 AA′：$e = B\ell V \sin 0 = 0 \, [V]$
   $(\sin 0 = 0)$
- 辺 BB′：$e = B\ell V \sin\pi = 0 \, [V]$
   $(\sin\pi = 0)$

A 交流発電機は磁界中で方形コイルを回転させ起電力を得る

- 図7のように，長さ $\ell \, [m]$，幅 $2r \, [m]$ の 1 巻きのコイルの両端にスリップリングと呼ばれる金属環を取り付け，ブラシ b_1，b_2 を通じて，コイルに発生する誘導起電力による交流の電流を外部の負荷に供給するようにしたのが **交流発電機** の原理です．
- 図7のような方形のコイルが磁束密度 $B \, [T]$ の中を一定の速度 $V \, [m/s]$ で，点 P を起点として反時計方向に回転角 $\theta \, [rad]$ で回転し，点 Q に達した瞬間の誘導起電力を求めてみましょう．
- コイル辺 AA′は，1秒間に $V \, [m]$ 移動しますから，移動した面積は $\ell V \, [m^2]$ となり，磁束は 1 $[m^2]$ 当たり $B \, [Wb]$ ですから，全体で $B\ell V \, [Wb]$ となります．しかし，コイル辺 AA′が磁束を直角に切るのは，速度成分の $V\sin\theta \, [m/s]$（Q 40 参照）ですから，誘導起電力 e は，
   $B\ell V \sin\theta \, [V]$ となります．
- また，コイル辺 BB′も 1 秒間に $V \, [m]$ 移動しますから，移動した面積は $\ell V \, [m^2]$ となり，磁束は 1 $[m^2]$ 当たり $B \, [Wb]$ ですから，全体で $B\ell V \, [Wb]$ となります．コイル辺 BB′は，点 P を起点とすると，反時計方向に回転角 $(\theta + \pi) \, [rad]$ で回転するので，点 R に達した瞬間の誘導起電力 e は，
   $B\ell V \sin(\theta + \pi) = -B\ell V \sin\theta$ [注][V] となり，コイル辺 AA′の誘導起電力の方向とは反対になります．
   注：$\sin(\theta + \pi) = -\sin\theta$
- しかし，図7に示すように，コイル辺 AA′とコイル辺 BB′に生ずる誘導起電力は，コイルに対し環状に生ずるので，外部にはこれらの誘導起電力が加わった $2B\ell V \sin\theta \, [V]$ として取り出すことができます．

7．磁界中で電線が動くと起電力を生ずる

Q42 交流発電機はどのような起電力を誘導するのか

図9 回転角 $\theta = \pi/2$〔rad〕の起電力

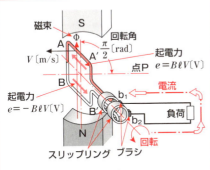

- 辺 AA′： $e = B\ell V \sin\dfrac{\pi}{2} = B\ell V$〔V〕
  $(\sin\dfrac{\pi}{2} = 1)$
- 辺 BB′： $e = B\ell V \sin\dfrac{3}{2}\pi = -B\ell V$〔V〕
  $(\sin\dfrac{3}{2}\pi = -1)$

図10 回転角 $\theta = \pi$〔rad〕の起電力

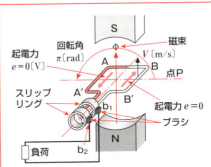

- 辺 AA′： $e = B\ell V \sin\pi = 0$〔V〕
  $(\sin\pi = 0)$
- 辺 BB′： $e = B\ell V \sin 2\pi = 0$〔V〕
  $(\sin 2\pi = 0)$

A 交流発電機は正弦波交流起電力を誘導する

❖ 長さ ℓ〔m〕，幅 $2r$〔m〕の1巻きのコイルが，磁束密度 B〔T〕の中を一定の速度 V〔m/s〕で半回転（π〔rad〕）した場合の誘導起電力の変化を次に記します。（交流発電機の発電の原理）

＜回転角 θ が 0〔rad〕の場合＞
- 図8（前ページ参照）のように，コイル辺と磁束との回転角 θ が 0〔rad〕の位置では，コイル辺 AA′ とコイル辺 BB′ の二つの電線の運動の方向，つまり，速度 V〔m/s〕の方向と磁束の方向が同じとなり，各コイル辺は磁束を切らないので，誘導起電力 e は 0〔V〕です。

＜回転角 θ が $\pi/2$〔rad〕の場合＞
- 図9のように，回転角 θ が $\pi/2$〔rad〕の位置では，コイル辺 AA′ とコイル辺 BB′ の電線が，両方とも磁束を直角に切りますから，それぞれの電線の最大の誘導起電力が加わって，$e = 2B\ell V$〔V〕が誘導されます（Q 39 参照）。

＜回転角 θ が π〔rad〕の場合＞
- 図10のように，回転角 θ が π〔rad〕の位置では，コイル辺 AA′，BB′ とも運動の方向が磁束の方向と同じになり，ともに磁束を切らないので，誘導起電力 e は 0〔V〕です。

❖ 誘導起電力 $e = 2B\ell V \sin\theta$〔V〕(Q 41 参照) において，コイルが回転することにより，回転角 θ〔rad〕が変化すれば，$\sin\theta$ の値もそれに従って変化します。

- コイルに誘導する起電力 e は，sin 関数の値に基づいて変化するので，コイルが回転することによって誘導する起電力を"正弦波交流起電力"といいます。

●電気理論の基礎知識

8 磁束が変化すると起電力を生ずる

Q43 コイルと鎖交する磁束が変化するとどうなるのか

図1 コイルに検流計をつなぐ ―電磁誘導―

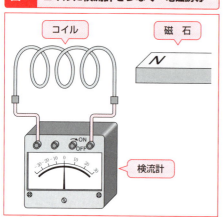

図2 磁石を出し入れすると起電力が生ずる

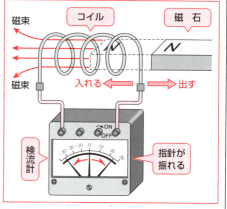

A 磁束の変化により起電力を生ずるのも電磁誘導作用という

- コイルに検流計（微弱な電流を検出する計器）を図1のようにつなぎます．そして，図2のように，磁石をコイルに入れたり出したりすると，コイルにつないだ検流計の指針が振れ，コイルに起電力が発生したことがわかります．
- これを細かく観察すると，次のことがわかります．
  （1）磁石を入れたり出したりする瞬間だけ検流計の指針が振れ，磁石を静止させると振れない．
  （2）磁石を入れるときと，出すときでは検流計の指針の振れは逆になる．
  （3）磁石を動かす速度を速くすると検流計の指針の振れは大きくなる．
  （4）磁石を静止させ，コイルを動かしても，同じ現象が起こる．
- これらのことから，（a）コイルを貫く磁石による磁束が変化すると起電力が発生する．
  （b）コイルを貫く磁石による磁束が増えるときと減るときでは起電力の向きが逆になる．
  （c）コイルを貫く磁石による磁束の変化が大きいと起電力が大きくなる．
- このように，コイルと磁石による磁束が相対的に変化すると，コイルに起電力を発生する現象も"電磁誘導作用"といい，この起電力を"誘導起電力"，流れる電流を"誘導電流"といいます．

8. 磁束が変化すると起電力を生ずる

Q44 磁束鎖交数の変化による起電力の大きさはどうなるのか

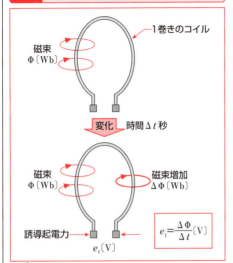

図3　1巻きのコイルの誘導起電力

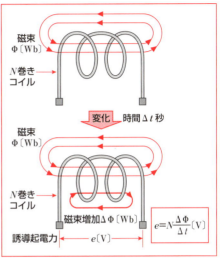

図4　N巻きコイルの誘導起電力

A　誘導起電力は磁束の時間に対して変化する割合に比例する

- 電磁誘導作用により生ずる起電力の大きさは、Q39で示した、次のようなファラデーの電磁誘導の法則によります。
  "電磁誘導によって回路に誘導される起電力は、その回路を貫く磁束の時間に対して変化する割合に比例する"

- 図3のように、1巻きのコイルを貫く磁束 Φ が、Δt 秒間に $\Delta \Phi$〔Wb〕だけ変化したときの誘導起電力 e_1〔V〕は、ファラデーの電磁誘導の法則により、

  誘導起電力 $e_1 = \dfrac{\Delta \Phi}{\Delta t}$〔V〕……（1）　となります。

- すなわち、1巻きのコイルを貫く磁束が、1秒間に1〔Wb〕の割合で変化すると、1〔V〕の起電力が誘導されるということです。

- 図4のように、N巻きのコイルを Φ〔Wb〕の磁束が全部貫いていて、この磁束が Δt 秒間に $\Delta \Phi$〔Wb〕増加すれば、誘導する起電力 e〔V〕は1巻きの起電力の N 倍になり、この磁束が増加したとき生ずる起電力の方向を正とすると、

  誘導起電力 $e = Ne_1 = N\dfrac{\Delta \Phi}{\Delta t}$〔V〕……（2）　となります。

- 図4のように、コイルと磁束が鎖のように交わるとき、磁束とコイルが"鎖交"するといい、コイルの巻数 N と磁束 Φ との積 $N\Phi$〔Wb・T：ウェーバ回数〕を"**磁束鎖交数**"といいます。

●電気理論の基礎知識

Q45 磁束鎖交数の変化による起電力の向きはどうなるのか

図5（a） 磁石を近づけると磁束を減らす方向

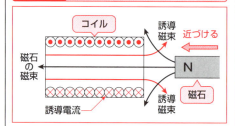

図5（b） 磁石を遠ざけると磁束を増やす方向

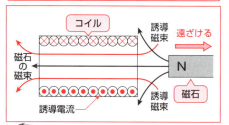

図6 コイルを動かす場合の誘導起電力

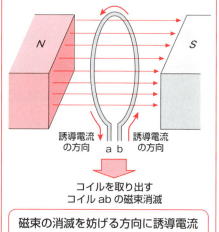

コイルを取り出す
コイルabの磁束消滅

磁束の消滅を妨げる方向に誘導電流（誘導起電力）が流れる

A 誘導起電力の向きは磁束の増減を妨げる方向に生じる

- 電磁誘導によって生ずる起電力の方向は，次の"レンツの法則"により知ることができます．
 "電磁誘導によって生ずる起電力の向きは，その誘導電流のつくる磁束が，もとの磁束の増減を妨げる方向に生ずる"　このことにより，レンツの法則を"反作用の法則"ともいいます．
- 図5（a）のように，コイルに磁石を近づけて，鎖交する磁束を増やそうとすると，コイルは，磁束を減らす方向に誘導電流が流れるように誘導起電力を発生させ，磁石の磁束と反対方向に磁束をつくります．
- 図5（b）のように，コイルから磁石を遠ざけると鎖交する磁束が減り，コイルは磁束を増やす方向に誘導電流が流れるように誘導起電力を発生させ，磁石の磁束と同じ方向に磁束をつくります．
- 図6のように，磁極NS間内にあるコイルabを，急に磁極の外に取り出したときの誘導起電力の方向を調べてみましょう．
- コイルabが，磁極間内にあるときは，磁束と鎖交していますが，コイルabを磁極外に取り出すと，鎖交する磁束が消滅します．
- このため，レンツの法則により，磁束鎖交数の変化による誘導起電力の方向は，磁束の消滅を妨げる方向，つまり，磁極NSによる磁束と同方向の磁束をつくる向きに生じます．
- したがって，右ねじの法則により，コイルのb端からa端に向かって誘導電流を流す方向に，誘導起電力が生じることになります．

8. 磁束が変化すると起電力を生ずる

Q46 コイル自身に電磁誘導は生ずるのか

図7 自己誘導と自己インダクタンス

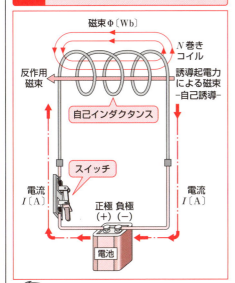

図8 コイルに生ずる自己誘導起電力

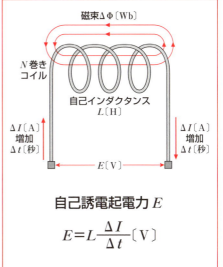

自己誘電起電力 E

$$E = L\frac{\Delta I}{\Delta t} \text{〔V〕}$$

A コイル自身の電磁誘導を自己誘導作用という

- ❖ コイルに流れる電流が時間とともに変化すると，その磁束もまた時間とともに変化して，コイル自身の磁束鎖交数の変化となり，コイル内にも起電力を誘導することを"**自己誘導作用**"といいます．
- 図7のように，スイッチを閉じてN巻きのコイルにI〔A〕の電流を流し，磁束Φ〔Wb〕が生じたとすれば，コイル自身の磁束鎖交数$N\Phi$はコイルに流れる電流に比例します．

    $N\Phi \propto I$　　比例定数をLとすると，　　$N\Phi = LI$ ……（3）　　$L = N\Phi/I$〔H〕

    このLを"**自己インダクタンス**"といい，〔H〕（ヘンリー）という単位で表します．
- したがって，ある回路に1〔A〕の電流を流したとき，その回路の磁束鎖交数がL〔Wb・T〕なら，自己インダクタンスはL〔H〕となります．
- ❖ 次に，自己インダクタンスを用いて，自己誘導起電力を表してみましょう．
- 図8のように，自己インダクタンスL〔H〕のN巻きのコイルに流れる電流が，Δt秒間にΔI〔A〕増加し，$\Delta\Phi$〔Wb〕の鎖交磁束が増加したとすれば，回路の磁束鎖交数の変化$N\Delta\Phi$は，上記（3）式から$L\Delta I$に等しくなります．　　$N\Delta\Phi = L\Delta I$
- したがって，電流の増加により生ずる自己誘導起電力Eは，Q44の（2）式から，

    $E = N\dfrac{\Delta\Phi}{\Delta t} = L\dfrac{\Delta I}{\Delta t}$〔V〕　　この式から，

    自己誘導起電力〔V〕＝自己インダクタンス〔H〕×電流の変化率〔A/s〕　　となります．

●電気理論の基礎知識

Q47 二つのコイルに電磁誘導は生ずるのか

図9 二つのコイル間の相互誘導

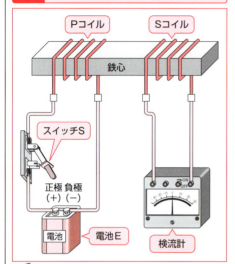

図10(a) スイッチ開の場合—レンツの法則—

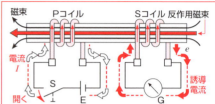

図10(b) スイッチ閉の場合—レンツの法則—

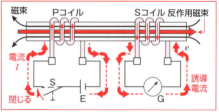

A 二つのコイル間での電磁誘導を相互誘導作用という

- ❖図9のように，PとSの二つのコイルを近づけて向かい合わせて鉄心に巻き，Pコイルに電池とスイッチをつなぎ，また，Sコイルに検流計をつなぎます．
- スイッチを開閉して，Pコイルに流れる電流によってつくられる磁束を変化させると，検流計の指針が振れ，Sコイルに起電力が発生したことがわかります．
- これを細かく観察すると，次のことがわかります．
 （1） Pコイルの電流が大きいほど検流計の指針の振れが大きい．
 （2） スイッチを入れたときと，切ったときでは検流計の指針の振れが逆になる．
 （3） Pコイルに電流を流したままでは検流計の指針は振れない．
- このようなコイル相互間の電磁誘導作用を"**相互誘導作用**"といい，発生する起電力を"**相互誘導起電力**"，そして流れる電流を"**相互誘導電流**"といいます．
- ❖図10（a）のように，Pコイルのスイッチを開くとPコイルの電流 I が減少し，Sコイルを貫く磁束も減少します．すると，Sコイルにはその磁束の減少を妨げるように矢印の方向に起電力 e を生じて誘導電流を流し，もとの磁束と同じ方向に反作用の磁束をつくる方向に起電力を誘導します．
- また，図10（b）のように，スイッチを閉じると電流 I が増し，Sコイルを貫くPコイルのつくる磁束も増加します．したがって，その磁束の増加を妨げるように，Sコイルにはもとの磁束と反対方向の反作用磁束をつくる方向に起電力を誘導します．
- このように，二つのコイルの相互誘導作用でもレンツの法則による反作用が生じます．

80

8. 磁束が変化すると起電力を生ずる

Q48 相互インダクタンスとはどういうものか

図11 二つのコイルの相互インダクタンス

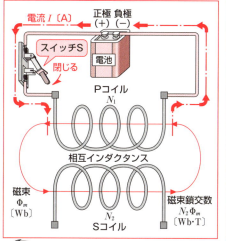

図12 変圧器の原理

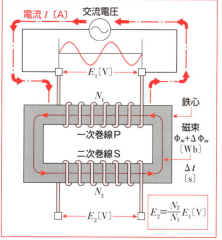

A 相互インダクタンスは相互誘導作用の大きさを表す

❖ 図11のように，Pコイルの巻数を N_1，Sコイルの巻数を N_2 とします．そして，スイッチを閉じてPコイルに I〔A〕の電流を流したとき，Sコイルと鎖交する磁束(相互磁束という)を Φ_m〔Wb〕とすれば，磁束 Φ_m は電流に比例しますから，Sコイルとの磁束鎖交数 $N_2\Phi_m$ は，

$N_2\Phi_m \propto I$　　比例定数を M とすれば，　　$N_2\Phi_m = MI$

この M を"**相互インダクタンス**"といい，〔H〕(ヘンリー)という単位で表します．

● Pコイルに1〔A〕の電流を流したとき，Sコイルの磁束鎖交数が M〔Wb・T〕なら，相互インダクタンスは M〔H〕となります．

変圧器は，一次・二次の巻数に比例した電圧に変える　　―変圧器の原理―

❖ 図12のように，同一鉄心に一次巻線P，二次巻線Sを巻いて，一次巻線Pに交流電圧を加えます．
● 一次巻線Pに交流電圧を加えると，その値は絶えず増えたり減ったりしますから，何ら手を加えなくても鉄心内の磁束は変化し，電磁誘導作用によって一次巻線P，二次巻線Sに起電力を誘導します．
● そこで，鉄心内の磁束が Δt 秒間に $\Delta\Phi_m$ 増加したとすれば，一次巻線の起電力 E_1，二次巻線の起電力 E_2 は，Q44の(2)式より

$E_1 = N_1 \dfrac{\Delta\Phi_m}{\Delta t}$〔V〕　　　$E_2 = N_2 \dfrac{\Delta\Phi_m}{\Delta t}$〔V〕　　となります．

● したがって，$E_2/E_1 = N_2/N_1 = a$ となり，一次巻線と二次巻線の起電力は，それぞれの巻数に比例します．この原理により交流電圧の大きさを変える装置を"**変圧器**"といいます．

●電気理論の基礎知識

⑨ 静電誘導と静電容量

 Q49 電気力線は電荷から何本発するのか

| 図1 電界の大きさ | 図2 電荷から発する全電気力線数 |

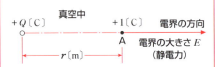

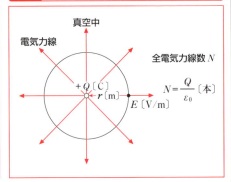

- 電界の大きさは，+1〔C〕に働くクーロンの法則による静電力の大きさとします．

$$E = \frac{1}{4\pi\varepsilon_0} \cdot \frac{Q}{r^2} \text{〔V/m〕}$$

 A 電気力線は電荷から Q/ε_0〔本〕発する

- ❖ 電荷の近くに他の電荷を置くと，クーロンの法則による静電力が働きます．このことは，電荷の周囲に電気的な勢力を及ぼす空間があることを示しており，この空間を**電界**といいます．
- ● 図1のように，真空中に $+Q$〔C〕の電荷を置いたとき，これから r〔m〕離れたA点の電界の大きさは，A点に置いた $+1$〔C〕の電荷との間に働く力で表されるので，電界の大きさ E は，

$$E = \frac{1}{4\pi\varepsilon_0} \cdot \frac{Q}{r^2} \text{〔V/m〕} \cdots\cdots (1)$$ となります．(Q3参照)

- ❖ そこで，再度，電荷から電気力線が何本発するのか求めてみましょう．
- ● 図2のように，真空中において，$+Q$〔C〕の電荷を中心として，半径 r〔m〕の球面上の電界の大きさ E は，すべて等しくなります．
- ● 1〔m²〕当たりの電気力線の本数 N_0 は，電界の大きさに等しい（Q4参照）ことから，(1)式より，

$$N_0 = \frac{1}{4\pi\varepsilon_0} \cdot \frac{Q}{r^2} \text{〔本/m²〕}$$ です．そして，球の表面積は $4\pi r^2$ で，球面を通る全電気力線総本数 N が，電荷から出る全電気力線総本数ですから，

$$N = \frac{1}{4\pi\varepsilon_0} \cdot \frac{Q}{r^2} \times 4\pi r^2 = \frac{Q}{\varepsilon_0} \text{〔本〕} \cdots\cdots (2)$$ となります．

9. 静電誘導と静電容量

Q50 電束はどのような線なのか

図3 Q〔C〕の電荷からQ〔C〕の電束ができる

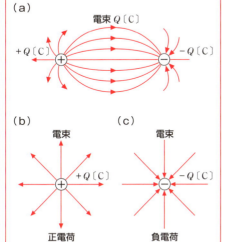

図4 電束と電気力線の関係

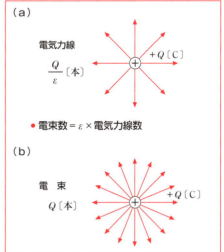

● 電束数 = ε × 電気力線数

A $+Q$〔C〕の電荷から，Q〔C〕の電束が出て $-Q$〔C〕の電荷に入る

- ❖電気力線は，電荷の量が同じでも，前ページの(2)式のように，誘電体の誘電率により異なります．そこで，誘電体の種類に関係なく，電荷の量だけに関係する仮想的な指力線を**電束**といいます．
- 電束は，単位正電荷 $+1$〔C〕から1本出て，単位負電荷 -1〔C〕に終わるとします．このように電荷の量と電束数は同じ数になるので，電束の単位は，電荷と同じクーロン〔C〕で表します．
- つまり，図3(a)のように，$+Q$〔C〕の電荷からQ〔C〕の電束が出て，$-Q$〔C〕の電荷にQ〔C〕の電束が入り，誘電体の性質には，無関係ということです．
- $+Q$〔C〕と$-Q$〔C〕の電荷が単独にあるときは，媒質に関係なく，$+Q$〔C〕の電荷からQ〔C〕の電束が出て，$-Q$〔C〕の電荷にQ〔C〕の電束が入ってくることになります（図3(b)(c)）．
- 図4のように，$+Q$〔C〕の電荷を誘電率εの媒質内に置いた場合，電荷から発生する全電気力線数Nは，前ページの(2)式よりQ/ε〔本〕です．また，電束の本数はQ〔本〕となるので，電気力線数Nをε倍すると，電束数と同じになります． $Q = \varepsilon \cdot N$〔本〕 …… (3)
- 電荷Q〔C〕を中心とした半径r〔m〕の球の表面積をA〔m²〕とし，(3)式の両辺をAで割ると，
$$\frac{Q}{A} = \varepsilon \cdot \frac{N}{A}$$ となります．
- Q/Aは，1〔m²〕に垂直に通る電束の数となるので，これを**電束密度**Dといいます．また，N/Aは，1〔m²〕当たりの電気力線数で，電界の大きさEに等しく（Q4参照）なります．したがって， $D = \varepsilon E$〔C/m²〕…… (4) となります．

83

●電気理論の基礎知識

Q51 静電誘導とはどういうものなのか

| 図5 正電荷の帯電体を近づける | 図6 導体に静電誘導により電荷を生ずる |

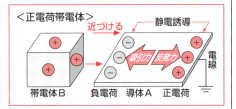

| 図7 アースすると導体は負電荷に帯電する | 図8 コンデンサの原理図 |

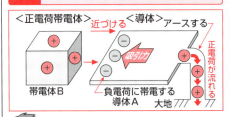 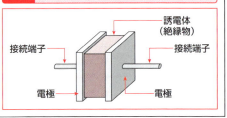

A 静電誘導は導体に帯電体を近づけると電荷を生ずる

- ❖導体は，原子により構成されており，原子は原子核と電子からなります．
- ●原子核は，原子の中心にあり，正の電荷をもつ陽子と，電荷をもたない中性子との結合体で，その周囲を陽子と同じ数の負の電荷をもつ電子が回っています．
- ❖図5のように，電気的に中性な導体Aに，正電荷をもつ帯電体Bを近づけます．
- ●すると，クーロンの法則による静電力によって，導体A内の自由電子が，帯電体Bの正電荷に吸引されて，導体Aの帯電体Bに近い方の端に負電荷として現われ，帯電体Bに遠い方の端に正電荷が反発されて現われます（**図6**）．
- ●このように，導体に帯電体を近づけると，導体の帯電体に近い端に帯電体と異種の電荷が集まり，遠い端に同種の電荷が現われる現象を**静電誘導**といいます．
- ●帯電体を遠ざけると，導体Aに現われていた正・負の電荷は，互いに吸引し合って，元の中性の状態に戻ります．
- ❖図6の導体Aに帯電体Bを近づけ静電誘導が現われている状態で，導体Aの正電荷が生じているところを，電線で大地につなぎます．これを「アースする」といいます．
- ●導体Aをアースすると，大地からの自由電子の負電荷と導体Aの正電荷が中和して，あたかも，導体Aから正電荷が大地に流れたように消滅し，**図7**のように，導体Aには負電荷が残ります．つまり，導体Aは負電荷に帯電したことになります．
- ❖コンデンサとは，**図8**のように，誘電体を金属体ではさんで，電荷を蓄える性質をもたせるようにした機器をいいます．

9. 静電誘導と静電容量

Q52 平行板コンデンサに電圧を加えるとどうなるのか

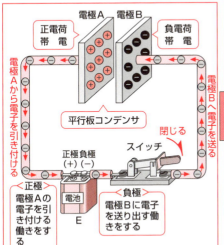

図9 平行板コンデンサに電圧を加える

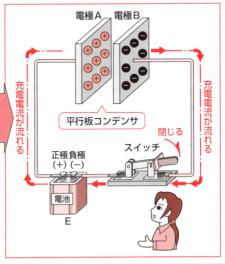

図10 平行板コンデンサに充電電流が流れる

A 電圧を加えると平行板コンデンサに充電電流が流れる

- 図9のように，2枚の金属板A，Bを電極として，空気中で平行に向かい合わせて固定したコンデンサは，最もシンプルな構造で，**平行板コンデンサ**といいます．
- 平行板コンデンサの電極Aを電池Eの正極に，また，電極Bをスイッチを介して，電池Eの負極に接続します．そして，スイッチを閉じて，平行板コンデンサの機能を調べてみましょう．
- スイッチを閉じると，電極AとBは，初めは電気的に中性（正電荷と負電荷が同数）ですが，電極Bには電池Eの負極から負電荷をもつ電子が送られてきます．また，電池Eの正極は電極Aの負電荷をもつ電子を引き付けます．その結果，電極Aは電子が不足して正に帯電し，電極Bは電子が過剰になり負に帯電することにより，平行板コンデンサの電極A，Bには電荷が蓄えられます．
- このように，電池の正極は，負電荷をもつ電子を引き付ける働きがあり，電池の負極は，負電荷をもつ電子を供給する働きがあります．
- この場合，電池の正極が電子を1個引き付けたとき，電池の負極からは電子が1個供給されるというように，電池の正極と負極は，同数の電子がやり取りされているのです．
- 図9における電子の流れの方向と反対が電流の流れの方向ですから，図10のように，電池Eの正極から電極Aに電流が流れ，また電極Bからスイッチを介して電流が電池Eの負極に流れます．この電流を，平行板コンデンサの"**充電電流**"といいます．
- 充電電流が流れると，平行板コンデンサの両端の電位差がしだいに大きくなり，電池の端子電圧に等しくなったとき，電荷の移動がなくなって，充電電流が0になります．

85

●電気理論の基礎知識

Q53 静電容量にはどのような能力があるのか

図11 平行板コンデンサの回路図

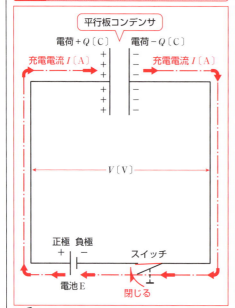

図12 コンデンサの電気用図記号

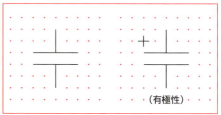

（有極性）

図13 静電容量の単位

- 1〔F〕 ファラッド
- 1〔μF〕 マイクロファラッド
  = 1×10^{-6}〔F〕
- 1〔nF〕 ナノファラッド
  = 1×10^{-9}〔F〕
- 1〔pF〕 ピコファラッド
  = 1×10^{-12}〔F〕

1〔F〕は大きい値のため小さな単位が用いられる

A 静電容量は電荷を蓄える能力を有する

- ❖図11のように，平行板コンデンサに電池Eを接続し，スイッチを閉じて電圧 V〔V〕を加えると，平行板電極の向かい合った表面に，電池Eの正極に接続された電極には，正電荷 $+Q$〔C〕が，また，電池Eの負極に接続された電極には，負電荷 $-Q$〔C〕が蓄えられます．これらの電荷は大きさが等しく（前ページ参照），正，負のみが異なります．
- このとき，平行板コンデンサに蓄えられた電荷 Q〔C〕と，加えた電圧 V〔V〕の比を，コンデンサの**静電容量**（キャパシタンス）といいます．
- 静電容量の量記号は C（Capacitance）を用い，その単位は，ファラッド〔F〕（Farad）です．

  - 静電容量＝$\dfrac{電荷}{電圧}$〔ファラッド〕
  - $C = \dfrac{Q}{V}$〔F〕

- 静電容量 C は，コンデンサの電荷を蓄える能力を表します．
  さらに，この式は，次のように変形して，電荷 Q と電圧 V を知ることができます．

  - 電荷＝静電容量×電圧〔クーロン〕
  - $Q = CV$〔C〕
  - 電圧＝$\dfrac{電荷}{静電容量}$〔ボルト〕
  - $V = \dfrac{Q}{C}$〔V〕

9. 静電誘導と静電容量

Q54 平行板コンデンサの静電容量はどのように求めるのか

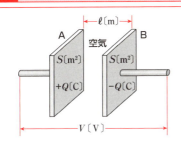

図14 平行板コンデンサの静電容量

- 電極の面積 ： S〔m²〕
- 電極間の間隔： ℓ〔m〕
- 空気の誘電率： ε_0 (真空中とほぼ同じ)

静電容量 $C = \varepsilon_0 \cdot \dfrac{S}{\ell}$ 〔F〕

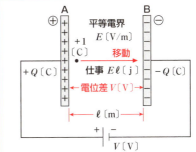

図15 電界の強さと電位差との関係

- 電界の大きさ ： E〔V/m〕
- 電界のする仕事： $E\ell$〔j〕
- AB間の電位の差： V〔V〕

$V = E\ell$〔V〕(Q15(2)式参照)

A 平行板コンデンサの静電容量は電極面積に比例し，間隔に反比例する

❖ 図14のように，平行板コンデンサの電極の面積が S〔m²〕，A, B電極間の間隔が ℓ〔m〕で，電極間が空気で満たされているときの静電容量 C〔F〕を求めてみましょう．

● A, B極板の間に V〔V〕の電圧を加えれば，極板上にそれぞれ $+Q$〔C〕と $-Q$〔C〕の電荷が蓄えられ，平等電界になります．このとき，電束密度 D は Q/S〔C/m²〕であり，電界の強さを E〔V/m〕とすればQ50の(4)式より，

$D = \varepsilon_0 E$ です(空気中の誘電率は真空中とほぼ同じ)．したがって，

$E = \dfrac{D}{\varepsilon_0} = \dfrac{1}{\varepsilon_0} \cdot \dfrac{Q}{S}$〔V/m〕……(5)　　電圧 V は，図15に示すように $V = E\ell$〔V〕ですから，

$V = E\ell = \dfrac{1}{\varepsilon_0} \cdot \dfrac{Q}{S} \cdot \ell$〔V〕　　静電容量 $C = \dfrac{Q}{V} = Q \times \dfrac{1}{\dfrac{1}{\varepsilon_0} \cdot \dfrac{Q}{S} \cdot \ell} = \varepsilon_0 \cdot \dfrac{S}{\ell}$〔F〕

となります．

❖ 平行板コンデンサの静電容量 C〔F〕は，電極の面積 S〔m²〕に比例し，電極間の間隔 ℓ〔m〕に反比例します．すなわち，平行板コンデンサの静電容量 C〔F〕を大きくしたいときは，電極の面積を大きくし，電極間の間隔 ℓ〔m〕を小さくすればよいことがわかります．

❖ 図15のように，A, Bの電極の間隔が ℓ〔m〕で，両電極間に V〔V〕の電圧を加えると，E〔V/m〕の平等電界が生じます．この電界中に $+1$〔C〕の電荷を置けば，E〔N〕の力が働くので，A極板からB極板に向かって，$+1$〔C〕の電荷を ℓ〔m〕移動すれば，電界は $E\ell$〔J〕の仕事をします．この仕事は，AB間の位置のエネルギーの差である電位の差(Q6参照)，つまり，電圧 V〔V〕によって与えられたのですから，　　　$V = E\ell$〔V〕……(6)　　となります．

●電気理論の基礎知識

10 コンデンサの直列接続・並列接続

Q55 コンデンサの直列接続とはどうつなぐのか

図1 コンデンサ直列接続の実際配線図

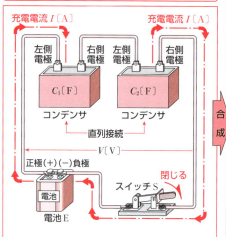

図2 合成静電容量

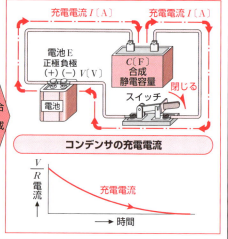

A 直列接続とはコンデンサを一列につなぐことをいう

- 図1の実際配線図のように，静電容量 C_1〔F〕のコンデンサと静電容量 C_2〔F〕のコンデンサを直列に接続して，スイッチSを介して電池Eにつなぎます．
- 直列接続とは，コンデンサ C_1 の左側の端子（電極）を電池Eの正極につなぎ，右側の端子（電極）をコンデンサ C_2 の左側の端子（電極）につなぎ，そして C_2 の右側の端子（電極）をスイッチを介して，電池の負極に接続することです．
- スイッチSを投入し，電圧 V〔V〕を加えると充電電流 I〔A〕が流れ，この充電電流は時間の経過とともに0になります（図2）．
- 充電電流がしばらく流れたということは，コンデンサの電極間に電荷が運ばれたということであり，充電電流の流れは電荷（自由電子）の移動を意味します．
- 複数のコンデンサを直列接続または並列接続したときに，これらのコンデンサをまとめて一つのコンデンサとみなしたものを**合成静電容量**といいます（図2）．

10. コンデンサの直列接続・並列接続

Q56 直列接続での各コンデンサに蓄えられる電荷量はどうなるのか

図3 各コンデンサに蓄えられる電荷分布

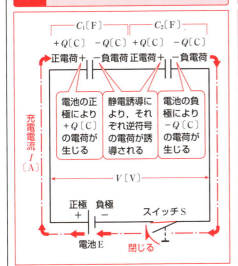

図4 直列接続のコンデンサ端子電圧

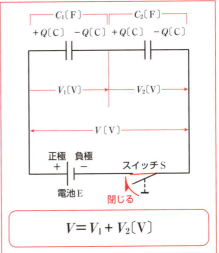

$$V = V_1 + V_2 \, [\text{V}]$$

A 直列接続では各コンデンサに蓄えられる電荷量は等しくなる

- 図3のように,静電容量 C_1〔F〕のコンデンサと静電容量 C_2〔F〕のコンデンサの直列接続において,スイッチSを入れて,時間が経過し充電電流が0になると,電池Eの正極に接続されている C_1 のコンデンサの左側電極に $+Q$〔C〕の電荷が蓄えられます(Q 52 参照)。
 また,電池Eの負極に接続されているコンデンサ C_2 の右側電極に $-Q$〔C〕の電荷が蓄えられます。
- 各コンデンサには静電誘導により,C_1 のコンデンサの右側電極には $-Q$〔C〕の電荷が静電誘導され,また,C_2 のコンデンサの左側電極には $+Q$〔C〕の電荷が静電誘導されます。
 したがって,各コンデンサが蓄える電荷の量 Q〔C〕は等しい値となります。
- 直列接続において,静電容量 C_1〔F〕のコンデンサと静電容量 C_2〔F〕のコンデンサに,Q〔C〕の電荷が蓄えられると,各コンデンサの端子に電圧が現れます。
- C_1〔F〕のコンデンサの端子に現れる電圧を V_1〔V〕,C_2〔F〕のコンデンサの端子に現れる電圧を V_2〔V〕とします(図4)。
- 電池E(電源)の端子電圧 V〔V〕と各コンデンサの端子電圧 V_1〔V〕および V_2〔V〕の間には,次の関係が成り立ちます。

$$V = V_1 + V_2 \, [\text{V}] \quad \cdots\cdots (1)$$

- 静電容量 C_1〔F〕のコンデンサが Q〔C〕の電荷を蓄えたとき,その端子電圧 V_1〔V〕は,次式で求められます。

$$V_1 = \frac{Q}{C_1} \, [\text{V}] \quad \cdots\cdots (2) \quad (\text{Q 53 参照})$$

―次ページへ続く―

●電気理論の基礎知識

Q57 コンデンサ直列接続の合成静電容量はどう求めるのか

図5 直列接続の合成静電容量

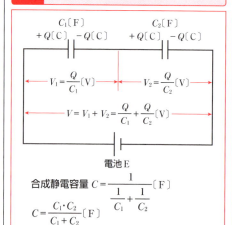

図6 直列接続の合成静電容量減少の理由

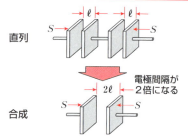

- 1個の静電容量 $C_1 = \varepsilon_0 \dfrac{S}{\ell}$ 〔F〕
- 直列接続の合成静電容量 C

$$C = \varepsilon_0 \dfrac{S}{2\ell} = \dfrac{1}{2} \varepsilon_0 \dfrac{S}{\ell} = \dfrac{1}{2} C_1 \text{〔F〕}$$

A 合成静電容量 C は $C_1 \cdot C_2 / (C_1 + C_2)$ で求める

❖ 同様にして,静電容量 C_2〔F〕のコンデンサの端子電圧 V_2〔V〕は,

$$V_2 = \dfrac{Q}{C_2} \text{〔V〕} \cdots\cdots (3)$$

となります.(2)式と(3)式を(1)式に代入すると,

$$V = V_1 + V_2 = \dfrac{Q}{C_1} + \dfrac{Q}{C_2} = \left(\dfrac{1}{C_1} + \dfrac{1}{C_2}\right)Q \text{〔V〕} \cdots\cdots (4) \text{(図5)}$$

となります.(4)式から,電荷 Q〔C〕と電圧 V〔V〕の比を求めると,

$$\dfrac{Q}{V} = \dfrac{Q}{\left(\dfrac{1}{C_1} + \dfrac{1}{C_2}\right)Q} = \dfrac{1}{\dfrac{1}{C_1} + \dfrac{1}{C_2}} \text{〔F〕} \cdots\cdots (5)$$

です.

- (5)式は,電池E(電源)から見たところの静電容量,すなわち,C_1〔F〕と C_2〔F〕を直列に接続し,これを一つのコンデンサとみなした合成静電容量 C〔F〕となり,次式で表されます.

$$C = \dfrac{1}{\dfrac{1}{C_1} + \dfrac{1}{C_2}} = \dfrac{1}{\dfrac{C_2}{C_1 \cdot C_2} + \dfrac{C_1}{C_1 \cdot C_2}} = \dfrac{C_1 \cdot C_2}{C_1 + C_2} \text{〔F〕} \cdots\cdots (6)$$

❖ 静電容量が等しいコンデンサ($C_1 = C_2$)を2個直列に接続すると,その合成静電容量 C〔F〕は(6)式より, $C = \dfrac{C_1 \cdot C_1}{C_1 + C_1} = \dfrac{C_1^2}{2C_1} = \dfrac{1}{2} C_1$〔F〕 となり,合成静電容量は1個の半分に減少します.

これは,平行板コンデンサの静電容量 C は $\varepsilon_0 \cdot S / \ell$(Q54参照)で,直列に接続することにより,図6のように,電極の間隔 ℓ が2倍になることによります.

10. コンデンサの直列接続・並列接続

Q58 コンデンサ並列接続の合成静電容量はどう求めるのか

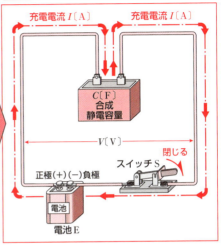

図7　コンデンサ並列接続の実際配線図　　図8　合成静電容量

A　合成静電容量は"$C_1 + C_2$"で求める

- 図7のように，静電容量C_1〔F〕のコンデンサと静電容量C_2〔F〕のコンデンサを並列に接続して，スイッチSを介して電池Eにつなぎます．
- 並列接続とは，コンデンサC_1とC_2の左側の端子（電極）を電池の正極につなぎ，両コンデンサの右側の端子（電極）をスイッチSを介して電池の負極に接続することです．
- スイッチSを投入し，電圧V〔V〕を加えると充電電流I〔A〕が流れ，その充電電流は時間の経過とともに0になります．
- 充電電流I〔A〕が流れ終わると，両コンデンサには電池E（電源）の端子電圧V〔V〕が等しく加わります．
- 静電容量C_1〔F〕のコンデンサが蓄える電荷Q_1は，　$Q_1 = C_1 V$〔C〕……（7）（Q53参照）
  同様にして，静電容量C_2〔F〕のコンデンサが蓄える電荷Q_2は，　$Q_2 = C_2 V$〔C〕……（8）
  となります．（次ページ図9参照）
- 並列に接続される2個のコンデンサが蓄えた全体の電荷Q〔C〕は，それぞれの電荷Q_1〔C〕とQ_2〔C〕の和になります．　$Q = Q_1 + Q_2$〔C〕……（9）
  （9）式に（7）式と（8）式を代入すると，
  　$Q = Q_1 + Q_2 = C_1 V + C_2 V = (C_1 + C_2) V$……（10）
- （10）式から，電荷Q〔C〕と電圧V〔V〕の比を求めると，
  $$\frac{Q}{V} = \frac{(C_1 + C_2) V}{V} = C_1 + C_2 \text{〔F〕} \cdots\cdots (11)$$

—次ページへ続く—

● 電気理論の基礎知識

Q59 なぜ並列接続で合成静電容量が増加するのか

図9 並列接続の合成静電容量

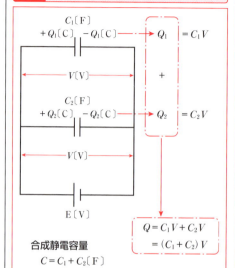

図10 並列接続の合成静電容量増加の理由

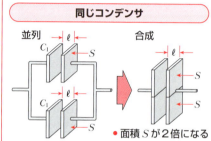

- 面積 S が2倍になる
- 1個の静電容量 C_1
  $$C_1 = \varepsilon_0 \frac{S}{\ell} \ [\text{F}]$$
- 並列接続の合成静電容量 C
  $$C = \varepsilon_0 \frac{2S}{\ell} = 2\varepsilon_0 \frac{S}{\ell} = 2C_1 \ [\text{F}]$$

A 並列接続では電極面積が大きくなり合成静電容量が増す

- (11)式は，電池E（電源）から見たところの静電容量，すなわち，静電容量 $C_1 \ [\text{F}]$ と $C_2 \ [\text{F}]$ を並列に接続し，これを一つのコンデンサとみなした合成静電容量 $C \ [\text{F}]$ （前ページ図8）となり，次の式で表されます． $C = C_1 + C_2 \ [\text{F}]$ ……(12)

  このように，並列接続の合成静電容量は，2個の静電容量の和になります（**図9**）．
- 静電容量が等しいコンデンサ（$C_1 = C_2$）を並列に接続すると，その合成静電容量 C は，
  $$C = C_1 + C_1 = 2C_1 \ [\text{F}]$$
  となり，合成静電容量は1個の2倍に増加します．
- **図10** のように，同じ静電容量のコンデンサを並列に接続すると，電極が一緒になって面積 S が2倍になります．コンデンサの電極間隔 ℓ は同じです．
- 平行板コンデンサの静電容量 C は $\varepsilon_0 \cdot S / \ell$ （Q 54参照）ですから，電極の面積 S が2倍になると，その合成静電容量 $C \ [\text{F}]$ は，
  $$C = \varepsilon_0 \frac{2S}{\ell} = 2\varepsilon_0 \frac{S}{\ell} = 2C_1 \ [\text{F}] \quad \text{となり，合成静電容量は1個の2倍になります．}$$
- 異なる静電容量 $C_1 \ [\text{F}]$ と $C_2 \ [\text{F}]$ のコンデンサを並列接続した場合も，合成静電容量 C は，
  $$C = \varepsilon_0 \frac{S_1 + S_2}{\ell} = \varepsilon_0 \frac{S_1}{\ell} + \varepsilon_0 \frac{S_2}{\ell} = C_1 + C_2 \ [\text{F}] \quad \text{となり増加します．}$$

10. コンデンサの直列接続・並列接続

Q60 コンデンサの充電・放電とはどういうことなのか

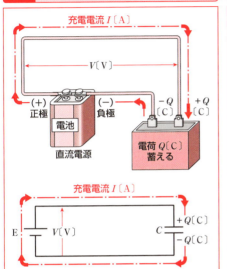

図11 コンデンサの充電作用

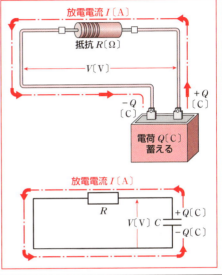

図12 コンデンサの放電作用

A 充電はコンデンサに電流が流入し，放電は流出する

- ❖図11のように，静電容量 C〔F〕のコンデンサに電池Eを接続して，電池Eにより直流電圧 V〔V〕を加えます．
- 電池E（直流電源）から，コンデンサに電流 I〔A〕が流れ，徐々に電荷 Q〔C〕が蓄えられます．このとき流れる電流を"**充電電流**"といいます．
- コンデンサに充電電流 I〔A〕が流れ，$Q=CV$〔C〕の電荷が蓄えられると，充電電流 I〔A〕は流れなくなります．
- 電池E（直流電源）から取り外した状態でも，コンデンサには電荷が蓄えられています．この状態をコンデンサの"**充電作用**"といいます．
- ❖図12のように，電荷を蓄えたコンデンサに抵抗 R〔Ω〕を接続すると，コンデンサに蓄えられた電荷により，電流 I〔A〕が流れます．この電流を"**放電電流**"といいます．
- 蓄えた電荷がなくなると，放電電流 I〔A〕は流れなくなります．この状態をコンデンサの"**放電作用**"といいます．
- ❖コンデンサに表示されている定格電圧以上の電圧を加えると，漏れ電流の増加や発熱などによって特性が低下し，場合によっては絶縁破壊を起こすことがあります．
- 電解コンデンサ，タンタル固定コンデンサなど，有極性コンデンサでは，（+），（−）の極性を逆に接続して用いると，破壊することがあります．

●電気理論の基礎知識

⑪ 磁気の性質

Q61 磁石とはどういうものなのか

図1 磁石には磁極がある

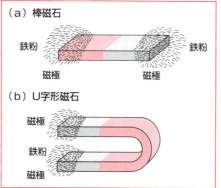

(a) 棒磁石
(b) U字形磁石

図2 磁石にはN極とS極がある

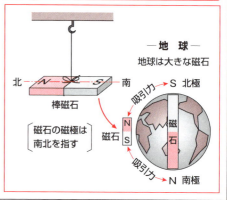

A 磁石とは磁気を有する物体をいう

❖磁鉄鉱（鉄の酸化物：Fe_3O_4）という鉱石は，鉄粉や鉄片を吸引する性質があります．
- このような性質を**磁性**といい，磁性による作用を**磁気**といいます．磁気を帯びている物体を**磁石**といいます．そして，鉄などに磁石の性質を与えることを**磁化**するといいます．
- 磁化することができる物質を**磁性体**といい，鉄，ニッケル，コバルトなどとこれらの合金などがあります．それ以外の磁化がほとんど生じない物質を**非磁性体**といいます．

❖図1のように，棒磁石，U字形磁石などの磁石で，鉄粉を吸引する作用は，磁石全体ではなく，その両端に近いところだけに存在し，この部分を**磁極**といいます．
- 磁石の磁極に吸引される鉄粉の量は，磁石によって異なることから，磁極には強弱があることがわかります．この磁極の強弱を**磁極の強さ**といい，ウェーバ〔Wb〕という単位が用いられます．
- 1個の磁石では，両端に生ずる磁極の強さの絶対値は，等しくなります．

❖図2のように，棒磁石の中央を糸で吊るして水平にすると，一方の磁極は北を指し，他方の磁極は南を指して静止します．棒磁石が常に南北を指して静止するのは，地球が大きな磁石だからです．
- 棒磁石の北を指す磁極を**N極**（North）または正極といい，南を指す磁極を**S極**（South）または負極といいます．磁石のN極とS極は，一対で存在します．

94

11. 磁気の性質

Q62 なぜ磁性体は磁石になるのか

図3 電子が磁石の性質をもつ	図4 磁石は分割しても磁石になる
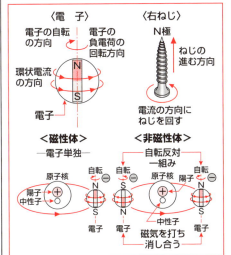	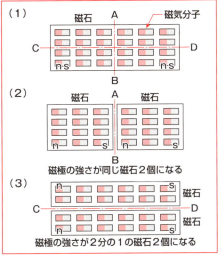

A 電子の自転による環状電流の磁気作用で磁石の性質をもつ

- ❖ 物質は，原子より構成され，原子は中心に原子核があり，その周囲の軌道を電子が自転しながら回っています。
- 電子は，負電荷をもっているので，自転することにより環状の電流が流れます。
  したがって，図3のように，右ねじの法則（Q 27参照）により，環状電流の流れる方向に右ねじを回したとき，電子の回転軸に対して，ねじが進む方向にN極が生じ，反対側にS極が生じます。
  つまり，電子が自転することによる環状電流の磁気作用によって磁石の性質をもつということです。
- 物質には，電子がありますが，通常は逆向きに自転する電子が2個一組みになっていますので，それらによる磁気は互いに打ち消し合ってしまい，磁石の性質は現れません。
  これが非磁性体といわれる物質です。
- 鉄，ニッケル，コバルトなどの磁性体は，逆向きに自転する電子がなく，単独に電子が存在するので，その自転による環状電流でN極，S極が生じ，磁石の性質が現れます。
- このように，電子というレベルで，N極とS極が存在しているので，磁石をどれだけ細く分割しても，必ずN極とS極をもつ磁石になります。この電子レベルの磁石を**磁気分子**といいます。
- 図4において，磁石を中央のA－Bのところで切断すると，それまで中和していた磁気分子のn極，s極が，切断面に現れて新しいN極，S極をもつ，磁極の強さの等しい2個の磁石になります。
  また，C－Dのところで切断すると，両端にある磁気分子の数が半分になるので，磁極の強さが，2分の1の2個の磁石になります。

95

●電気理論の基礎知識

Q63 なぜ磁石は鉄片を吸引するのか

図5 磁極間には力が働く

（a）同種の磁極間には反発力が働く

（b）異種の磁極間には吸引力が働く

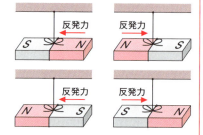

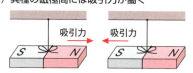

図6 磁気誘導 ―磁石は鉄片を吸引―

（a）磁気誘導

（b）磁極を近づける前

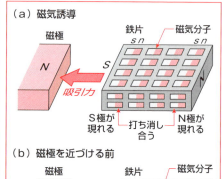

A 磁石は磁気誘導により鉄片を吸引する

- ❖図5（a）において，糸で吊るした2個の棒磁石のN極とN極，また，S極とS極のように同種の磁極を近づけると，互いに反発する性質があります．また，N極とS極のように異種の磁極を近づけると，互いに吸引する性質があります（図5（b））．このように，磁極間に働く力を**磁気力**といいます．
- ❖図6（a）のように，鉄片の一端に磁石のN極を近づけると，鉄片には，近づけた磁石のN極に近い方に異種のS極が現れ，また，遠い方に同種のN極が現れ，両磁極の強さは同じになります．
- ●このような現象を**磁気誘導**といいます．
- ❖鉄片に磁石を近づける前は，鉄片には，電子の自転による磁気分子がありますが，図6（b）のように各磁気分子がばらばらの方向を向いているため，各磁気分子のn極，s極は互いに打ち消し合って，外部に磁気の性質は現れません．
- ●鉄片に磁石のN極を近づけると，図6（a）のように，鉄片内のすべての磁気分子のs極が吸引され，n極が反発されて，1列に規則正しく配列します．
- ●鉄片の中間にある磁気分子のn極，s極は，隣接しているので，互いに中和しますが，鉄片の両端のs極とn極は中和する相手がないので，合成されてS極とN極として現れ，磁石となります．これが磁気誘導です．
- ●この場合，鉄片のS極は，鉄片のN極より磁石のN極に近いので，磁石のN極と鉄片のS極との吸引力が，磁石のN極と鉄片のN極との反発力より大きくなり，鉄片は磁石に吸引されます．
そして，鉄片から磁石のN極を遠ざけると，鉄片は磁気を失います．

11. 磁気の性質

Q64 2磁極間に働く力はどう求めるのか

図7 磁気力に関するクーロンの法則

磁気力の方向は，両磁極を結ぶ直線上にあり，磁気力の大きさは磁極の強さの相乗積に正比例し，磁極間の距離の2乗に反比例する．—磁気力に関するクーロンの法則—

図8 二つの磁極間に働く力

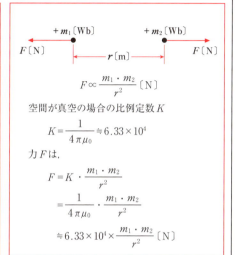

$$F \propto \frac{m_1 \cdot m_2}{r^2} \text{〔N〕}$$

空間が真空の場合の比例定数 K

$$K = \frac{1}{4\pi\mu_0} \fallingdotseq 6.33 \times 10^4$$

力 F は，

$$F = K \cdot \frac{m_1 \cdot m_2}{r^2}$$

$$= \frac{1}{4\pi\mu_0} \cdot \frac{m_1 \cdot m_2}{r^2}$$

$$\fallingdotseq 6.33 \times 10^4 \times \frac{m_1 \cdot m_2}{r^2} \text{〔N〕}$$

A 働く力は磁気力に関するクーロンの法則により求める

❖ 図7のように，磁極の大きさが磁極間の距離に比べて，点のように小さい場合，二つの磁極間に働く力は，「磁気力の方向は，両磁極を結ぶ直線上にあり，その大きさは磁極の強さの相乗積に正比例し，磁極間の距離の2乗に反比例する」．これを磁気力に関するクーロンの法則といいます．

❖ 図8のように，磁極の強さが，m_1〔Wb〕，m_2〔Wb〕の二つの点磁極を真空中に，r〔m〕の距離を隔てて置いたとき，この二つの点磁極間に働く力 F〔N〕は，クーロンの法則により，

$$F = K \frac{m_1 \cdot m_2}{r^2} \text{〔N〕} \quad \cdots\cdots (1)$$

となります．

K は磁気力の働く空間の媒質の種類によって決まる比例定数です．空間が真空のときの比例定数 K は，$K = \dfrac{1}{4\pi\mu_0} = \dfrac{1}{4\pi \times 4\pi \times 10^{-7}} = \dfrac{1}{4 \times 3.14 \times 4 \times 3.14 \times 10^{-7}} \fallingdotseq 6.33 \times 10^4 \quad \cdots\cdots (2)$ です．

μ_0（ミューゼロ）は真空の透磁率で，$\mu_0 = 4\pi \times 10^{-7} \fallingdotseq 1.257 \times 10^{-6}$〔H/m〕 です．
(1)式に(2)式を代入すると力 F〔N〕は，

$$F = \frac{1}{4\pi\mu_0} \cdot \frac{m_1 \cdot m_2}{r^2} \fallingdotseq 6.33 \times 10^4 \times \frac{m_1 \cdot m_2}{r^2} \text{〔N〕}$$

となります．

● 真空以外の媒質の透磁率 μ（ミュー）での磁極間の力 F〔N〕は，

$$F = \frac{1}{4\pi\mu} \cdot \frac{m_1 \cdot m_2}{r^2} \text{〔N〕} \quad \text{です．}$$

●電気理論の基礎知識

Q65 磁界の強さはどう求めるのか

図9 磁界の強さと働く力の関係

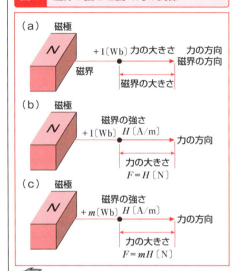

図10 磁界の強さの求め方

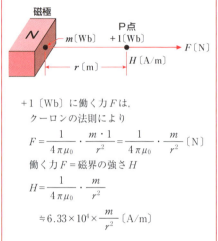

$+1$〔Wb〕に働く力 F は，クーロンの法則により

$$F = \frac{1}{4\pi\mu_0} \cdot \frac{m \cdot 1}{r^2} = \frac{1}{4\pi\mu_0} \cdot \frac{m}{r^2} \text{〔N〕}$$

働く力 F ＝磁界の強さ H

$$H = \frac{1}{4\pi\mu_0} \cdot \frac{m}{r^2}$$

$$\fallingdotseq 6.33 \times 10^4 \times \frac{m}{r^2} \text{〔A/m〕}$$

磁界の強さは＋1〔Wb〕に働く力の大きさと方向をいう

❖ 磁石の磁極が鉄片を吸引し，他の磁石の磁極を吸引または反発する作用は，その磁極から離れた所まで及びます．この磁極の作用の及ぶ空間を**磁界**といいます．

❖ 図9（a）のように，磁界中の任意の点に，その磁界をなんら乱すことなく＋1〔Wb〕のＮ極を置いたとき，これに作用する力の大きさを磁界の大きさと定め，その力の働く方向を磁界の方向と定めます．磁界の強さは，大きさと方向をもつベクトル量で，単位は〔A/m〕を用います．

● このことから，1〔A/m〕の磁界中に磁極を置いたとき，その磁極に，＋1〔N〕の力を生ずるような磁極の強さは，1〔Wb〕ということです．

● また，磁界の強さの定義から，ある点の磁界の強さが H〔A/m〕ということは，その点に1〔Wb〕の磁極を置けば，H〔N〕の磁気力を生ずることを意味します（図9（b））．

● したがって，磁界の強さ H〔A/m〕の磁界中に，＋m〔Wb〕の磁極を置けば，働く力の大きさ F〔N〕は $F = mH$〔N〕　となります（図9（c））．

❖ 図10のように，m〔Wb〕の磁極から r〔m〕離れたＰ点の磁界の強さは，Ｐ点に＋1〔Wb〕の磁極を置いたときに働く力なので，クーロンの法則により，

$$F = \frac{1}{4\pi\mu_0} \cdot \frac{m \cdot 1}{r^2} = \frac{1}{4\pi\mu_0} \cdot \frac{m}{r^2} \text{〔N〕}$$　です．この力 F が磁界の強さ H ですので，

$$H = \frac{1}{4\pi\mu_0} \cdot \frac{m}{r^2} \fallingdotseq 6.33 \times 10^4 \times \frac{m}{r^2} \text{〔A/m〕}$$　となります．

11. 磁気の性質

Q66 磁位とはどういうことなのか

図11 磁界中のA点の磁位

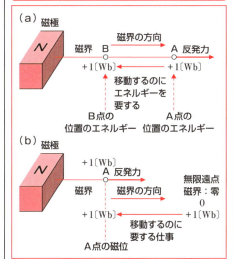

図12 磁界中のA点とB点の磁位差

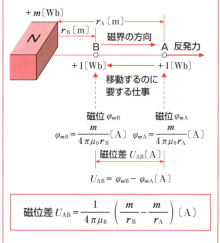

A点の磁位 $\varphi_{mA} = \dfrac{m}{4\pi\mu_0 r_A}$〔A〕 B点の磁位 $\varphi_{mB} = \dfrac{m}{4\pi\mu_0 r_B}$〔A〕

磁位差 U_{AB}〔A〕

$U_{AB} = \varphi_{mB} - \varphi_{mA}$〔A〕

磁位差 $U_{AB} = \dfrac{1}{4\pi\mu_0}\left(\dfrac{m}{r_B} - \dfrac{m}{r_A}\right)$〔A〕

 磁位はその点での+1〔Wb〕のもつ磁気の位置エネルギー

- 磁界中のある点の**磁位**とは,その点における+1〔Wb〕のもつ**磁気の位置のエネルギー**をいいます.
- 図11(a)のように,磁石のN極による磁界中のA点に+1〔Wb〕の磁極を置くと,クーロンの法則により反発力を受けます.
- +1〔Wb〕をこの反発力に抗してN極の方向のB点に移動させるには,エネルギーを必要とします.これは,A点とB点とでは,+1〔Wb〕のもつ磁気の位置のエネルギーが異なるからです.
- A点における+1〔Wb〕がもつ磁気の位置のエネルギー,つまり,磁位は,図11(b)のように,磁界の強さが0の無限遠点から,+1〔Wb〕を磁界の方向と反対に,反発力に抗してA点まで移動するのに要する仕事量で表されます.磁位の量記号は φ_m,単位は〔A〕を用います.
- m〔Wb〕の磁極から r〔m〕離れた点の磁位 φ_m は,少々難しくなりますが H を r から∞まで積分し

$$\varphi_m = \int_r^\infty H dr = \int_r^\infty \dfrac{m}{4\pi\mu_0 r^2} dr = \dfrac{m}{4\pi\mu_0 r}〔A〕$$ となります(電位を求めたQ5・Q6参照).

- 図12において,A点の磁位 φ_{mA} とB点の磁位 φ_{mB} の差を**磁位差** U_{AB} といいます.
- 磁位差 U_{AB} は,磁界の方向に抗して,+1〔Wb〕をA点からB点に移動させるのに要する仕事量で表されます. A点の磁位 $\varphi_{mA} = \dfrac{m}{4\pi\mu_0 r_A}$〔A〕 B点の磁位 $\varphi_{mB} = \dfrac{m}{4\pi\mu_0 r_B}$〔A〕

磁位差 $U_{AB} = \varphi_{mB} - \varphi_{mA} = \dfrac{m}{4\pi\mu_0 r_B} - \dfrac{m}{4\pi\mu_0 r_A} = \dfrac{1}{4\pi\mu_0}\left(\dfrac{m}{r_B} - \dfrac{m}{r_A}\right)$〔A〕

●電気理論の基礎知識

12 磁力線・磁化線・磁束・B-H曲線

Q67 磁界はどのように表すのか

図1 磁界の強さを表す磁力線

(a)

(b)

磁界の方向
$1\,[\mathrm{m}^2]$
磁界の大きさ $H\,[\mathrm{A/m}]$
磁力線 $H\,[本/\mathrm{m}^2]$

図2 2個の棒磁石がつくる磁力線

(a) 同種の磁極がつくる磁力線

(b) 異種の磁極がつくる磁力線

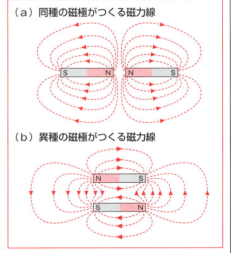

A 磁力線で磁界の方向と大きさを表す

- ❖図1(a)のように，磁石のN極から出て，S極に終わる両磁極間に連続する指力線を**磁力線**といい，次のように定められています．
- 磁力線に直角な1[m²]の面を通る磁力線の数(磁力線密度)は，磁界の大きさに等しい．
  磁界の強さが$H\,[\mathrm{A/m}]$の点では，図1(b)のように，1[m²]当たり$H\,[本]$の磁力線が通る．
- 磁力線の接線の方向を磁界の方向とする．
- 磁力線は，互いに交差することはない(磁力線が交差すれば，交差点で磁力線の接線の方向が二つあることになり，不合理となる)．
- 磁力線は，縮もうとしているとともに，磁力線同士では，互いに反発し合っている．
- ❖図2(a)は，2個の棒磁石の同種の磁極による磁力線の形状を表し，また，図2(b)は異種の磁極による磁力線の形状を表します．

12. 磁力線・磁化線・磁束・B-H曲線

Q68 m〔Wb〕の磁石からは何本の磁力線が発生するのか

図3 磁力線の数の求め方

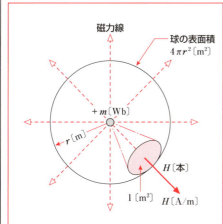

● 全磁力線数 N

$$N = \frac{m}{\mu_0} = \frac{10^7}{4\pi} m \text{〔本〕}$$

図4 m〔Wb〕の磁石の磁力線数

(a) m〔Wb〕の磁石から出入りする磁力線数

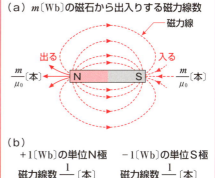

(b)

+1〔Wb〕の単位N極　　−1〔Wb〕の単位S極

磁力線数 $\frac{1}{\mu_0}$〔本〕　　磁力線数 $\frac{1}{\mu_0}$〔本〕

A m〔Wb〕の磁石からは m/μ_0〔本〕の磁力線が発生する

- 真空中に $+m$〔Wb〕の微小N極を置いたときに生ずる全磁力線の数を求めてみましょう.
- 図3のように，$+m$〔Wb〕のN極を中心として，半径 r〔m〕の球面上の磁界の強さ H〔A/m〕は，距離が同じですので，どの点でも　$H = \dfrac{m}{4\pi\mu_0 r^2}$〔A/m〕（Q65参照）　となります.
- 磁界の強さが H〔A/m〕ならば，1〔m²〕当たり，H〔本〕の磁力線が，球面を垂直に通っていることになります（前ページ参照）.
  球の表面積は，$4\pi r^2$〔m²〕ですから，$+m$〔Wb〕のN極から出る全磁力線数 N は，

  $N = H \times 4\pi r^2 = \dfrac{m}{4\pi\mu_0 r^2} \times 4\pi r^2 = \dfrac{m}{\mu_0}$〔本〕　となります.

  $-m$〔Wb〕のS極には，m/μ_0〔本〕の磁力線が入ってきます.
- この関係から，磁極の強さが m〔Wb〕の磁石では，図4（a）のように，m/μ_0〔本〕の磁力線が，N極から真空中に出て，S極に入ることになります.
  このことから，1〔Wb〕の単位磁極からは，図4（b）のように，$\dfrac{1}{\mu_0}$〔本〕の磁力線が出入りすることになります.

●電気理論の基礎知識

Q69 磁化の強さはどう表すのか

図5 環状の磁石は磁極が現れない

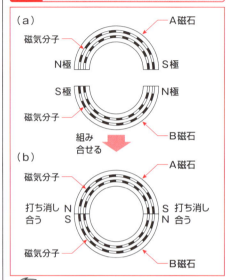

図6 磁気モーメントと磁化の強さ

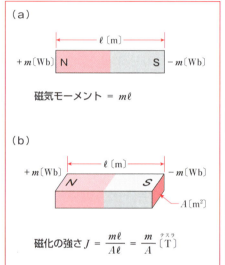

磁化の強さは1〔m³〕当たりの磁気モーメントで表す

- 図5のように，まったく等しいAとBの磁石を互いに反対の磁極を向かい合わせて接触させると，両磁石のN極とS極は互いに打ち消し合って現れないので，外部への磁力線は発生しません．
そこで，磁石内部の磁化の状態を表すのが**磁化の強さ**です．

- 磁化の強さは，磁石内部の各点における，単位体積（1m³）当たりの磁気モーメントで表します．**磁気モーメント**とは，図6（a）のように，磁極の強さm〔Wb〕と，磁石のN極とS極間の距離ℓ〔m〕との積$m\ell$をいいます．したがって，磁化の強さJは，

$$J = \frac{磁石の磁気モーメント}{磁石の体積} = 単位体積当たりの磁気モーメント$$ で表されます．

- 図6（b）のように，磁石の断面積をA〔m²〕，長さをℓ〔m〕，磁極の強さをm〔Wb〕とすれば，磁石の磁気モーメントは$m\ell$，体積は$A\ell$ですから，平等に磁化された磁石の磁化の強さJは，

$$J = \frac{m\ell}{A\ell} = \frac{m}{A} \text{〔T〕} \cdots\cdots (1)$$ で表されます．

磁化の強さの単位は，テスラ〔T〕を用います．

- m/Aは，単位面積当たりの磁極の強さ，つまり，磁極密度となります．
磁化の強さJ＝磁極密度
また，（1）式から，　$JA = m$〔Wb〕……（2）　となります．

102

12. 磁力線・磁化線・磁束・B-H曲線

Q70 磁化線と磁束はどのような指力線なのか

図7 磁化線は磁化の強さを表す

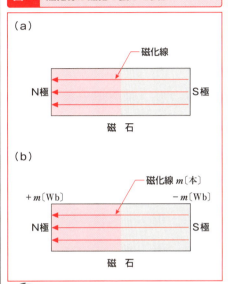

図8 磁束は磁石内外を環状に通る

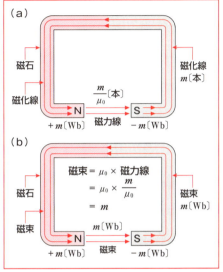

A 磁化線は磁化の状態を，磁束は磁界の状態を表す

- ❖磁石内部の磁化の状態を表す指力線を**磁化線**といい，次のような性質があります．
- 磁化線は，図7(a)のように，磁石の内部において，S極から出て，N極に終わる．
- 1〔m²〕の面を直角に通る磁化線の数(磁化線密度)が磁化の強さに等しい．
  磁化の強さがJ〔T〕のときは，1〔m²〕当たりJ〔本〕の磁化線が通る．
- 磁極の強さm〔Wb〕，断面積A〔m²〕の磁石では，前ページの(2)式の関係から，磁化線は$JA=m$〔本〕だけ通ることになる．
  図7(b)のように，m〔Wb〕の磁石の内部では，S極から出て，N極に終わる磁化線が，m〔本〕通るということです．
- ❖図8(a)のように，m〔Wb〕の磁極をもつ磁石では，N極でm〔本〕の磁化線が終わり，そしてN極から真空中に向かって，m/μ_0〔本〕の磁力線が出てS極で終わり，さらに，S極から磁化線がm〔本〕出てN極に終わります．
- そこで，磁力線の数のμ_0倍の指力線を考えれば，磁化線と同じ数になり，1個の磁石の内部と外部で，1周した環状線となります．この環状線を**磁束**といい，単位は〔Wb〕を用います．
  したがって，図8(b)のように，m〔Wb〕の磁極をもつ磁石では，m〔Wb〕の磁束がN極から外部に出て，外部からS極に入り，磁石内部でm〔Wb〕の磁束がS極から出てN極に終わる，環状の磁束が通ることになります．

103

● 電気理論の基礎知識

Q71 磁界中で磁化された鉄の磁束密度はどう表すのか

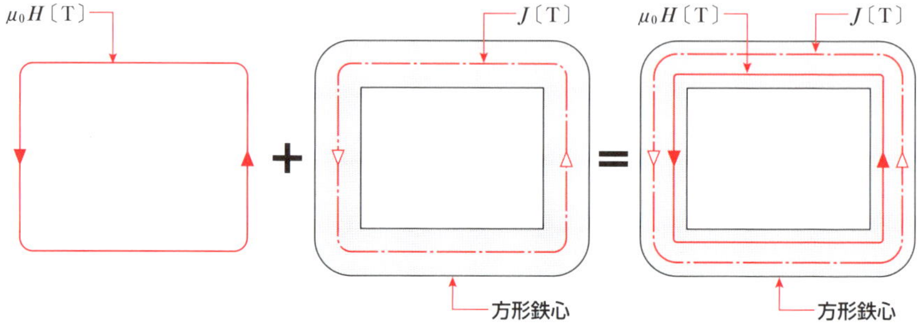

磁界の強さ	磁化の強さ	磁束密度

図9(a)　　　　　　　　図9(b)　　　　　　　　図9(c)

$\mu_0 H$〔T〕　　　　　　　　J〔T〕　　　　　$\mu_0 H$〔T〕　　　J〔T〕

　　　　　　＋　　　　　　　＝

　　　　　　　　　　方形鉄心　　　　　　　方形鉄心

- 真空中の磁界の強さ　　・方形鉄心の磁化の強さ　　・合成磁束密度
  H〔A/m〕　　　　　　　J〔T〕　　　　　　　　$B = \mu_0 H + J$〔T〕
- 磁束密度　　　　　　　・磁束密度
  $\mu_0 H$〔T〕　　　　　　J〔T〕

A 磁束密度 B は $\mu_0 H + J$ で表される

❖ 図9(a)のように，真空中に磁界の強さ H〔A/m〕の方形の磁界があり，その中に図9(b)のような方形鉄心を置けば，鉄心は磁化されます．その磁化の強さを J〔T〕とします．

- 磁界の強さ H〔A/m〕によって生ずる磁力線密度は H〔本/m²〕で，磁束の密度は先に説明（Q 70参照）したように，磁力線の密度を μ_0 倍した $\mu_0 H$〔T〕が真空中を通ります．
  また，磁化の強さ J〔T〕による磁束の密度は，J〔T〕になります．
- この二つの磁束の密度を図9(c)のように合成すると，磁束の密度 B は，
  $B = \mu_0 H + J$〔T〕……（3）　　となります．
  この B のことを**磁束密度**といい，単位はテスラ〔T〕を用います．
- 磁化の強さ J は，磁界の強さ H に比例するので，比例定数を χ（カイ）とすれば，
  $J = \chi H$……（4）　　となり，この比例定数 χ（カイ）を**磁化率**といいます．
  (3)式に(4)式を代入すると，
  $B = \mu_0 H + J = \mu_0 H + \chi H = (\mu_0 + \chi)H$ ……（5）
  そして，磁界の強さ H に対する磁束密度 B の割合を**透磁率** μ（ミュー）といいます．
  $\mu = B/H$　　この式から，$B = \mu H$ ……（6）　　(5)式と(6)式から，
  $B = (\mu_0 + \chi)H = \mu H$　　となり，この式から，$\mu = (\mu_0 + \chi)$　　となります．
  また，物質の透磁率 μ と真空中の透磁率 μ_0 との比を**比透磁率** μ_r といいます．
  $\mu_r = \mu/\mu_0 = (\mu_0 + \chi)/\mu_0 = 1 + \chi/\mu_0$　　$\chi/\mu_0 = \mu_r - 1$　　χ/μ_0 を**比磁化率**といいます．

12. 磁力線・磁化線・磁束・B-H曲線

Q72 磁界の強さが変化すると磁束密度はどう変わるのか

図10 磁界の変化による磁束密度の変化	図11 ヒステリシスループ
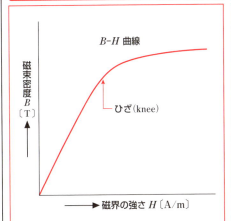	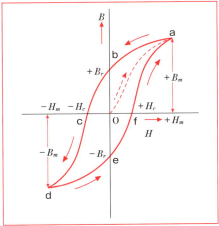

A 磁束密度は磁界の変化により B-H曲線・ヒステリシスループを描く

- 図10のように、まったく磁化されていない鉄片に磁界を加えると、磁界の強さHが小さいときは、磁界の強さHがわずかに増加しても、磁束密度Bは大きく増加します。
- 磁界の強さHがひざ(knee)という湾曲点に達すると、Hの増加に対するBの増加する割合は小さくなり、磁束密度Bは一定の値に近づきます。この現象を**磁気飽和**といいます。
- 磁気飽和は、磁界の強さの増加により、磁界の方向に配列する磁気分子(Q62参照)の数が増加して、磁束密度は増加しますが、全部の磁気分子が配列する過程で終わりに近づくにつれ、配列する磁気分子の数が少なくなるために生じます。
- 図10のように、縦軸に磁束密度B、横軸に磁界の強さHをとって描いた曲線を **B-H曲線**、**磁化曲線**、**磁気飽和曲線**といいます。
- 図11において、まったく磁化されていない鉄片に磁界を加えると、Oaの B-H曲線を描き、磁界の強さ$+H_m$で磁束密度$+B_m$のa点で磁気飽和します。
- a点で磁界の強さを減らすと、abの曲線をたどって磁界の強さを0にしても、Obと磁束密度$+B_r$が残ります。このB_rを**残留磁気**といいます。
- b点で磁界の方向を反対にして増加するとbcの曲線をたどり、磁界の強さ$-H_c$のとき、磁束密度Bが0になります。この$-H_c$を**保持力**(Hが0のとき保持していた磁化の強さ)といいます。
- さらに、磁界の強さを増加するとcdの曲線をたどり、磁界の強さ$-H_m$で磁束密度$-B_m$と磁気飽和し、e点で磁界の強さを減らして0にしたとき、Oeと残留磁気$-B_r$が残ります。
- 磁界の方向を初めの方向に戻して増加すると、efaの曲線をたどった磁化曲線となります。
- この曲線を**ヒステリシスループ**といいます。

105

●電気理論の基礎知識

13 磁気回路

Q73 磁気回路とはどのような回路なのか

図1 磁気回路 ―例：方形鉄心―

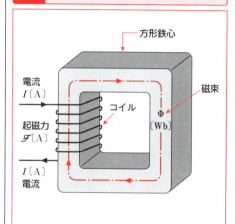

図2 磁界の強さと磁位差の関係

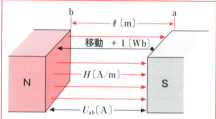

- $+1$〔Wb〕を a から b に移動するのに要する仕事 W
  $W = H\ell$〔J〕
- a と b の磁位差 $U_{ab} = W$〔A〕$= H\ell$〔A〕
- 磁界の強さ $H = \dfrac{U_{ab}}{\ell}$〔A/m〕

A 磁気回路は鉄心中を磁束が主として通る閉回路をいう

- ❖ 図1のような，方形鉄心にコイルを巻いて電流を流すと，電流の磁気作用によって磁束が発生し，この磁束は主として方形鉄心内を通ります．
- このように，磁束が主として通る閉回路を**磁気回路**といいます．
- ❖ それでは，磁界の強さと磁位差の関係から説明しましょう．
  図2のように，H〔A/m〕の平等磁界内に $+1$〔Wb〕の磁極を置けば，H〔N〕の力を受けます．
- この $+1$〔Wb〕を S極 a から N極 b まで磁界の方向に逆らって，ℓ〔m〕移動させるのに要する仕事 W は， $W = H\ell$〔J〕 …… (1) となります．
- また，磁界の方向に逆らって，a 点から b 点まで，$+1$〔Wb〕の磁極を移動させるのに要する仕事を ab 間の磁位差 U_{ab}（Q 66 参照）といいます．
- したがって，磁位差 U_{ab} は(1)式の仕事 W に等しいことから， $W = U_{ab}$〔A〕 …… (2)
  (1)式と(2)式から $U_{ab} = H\ell$〔A〕 となり，この式から，$H = U_{ab}/\ell$〔A/m〕 …… (3)
  (3)式から，磁界の強さは，単位長さ当たりの磁位差（磁位降下）に等しいことがわかります．

13. 磁気回路

Q74 起磁力とはどういうことなのか

| 図3 起磁力はコイルの巻数×電流で表す | 図4 起磁力は磁界の強さ×磁路長で表す |

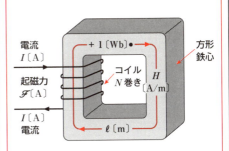

- +1〔Wb〕が磁路を1周するのに要する仕事 W は　$W=IN$〔J/Wb〕
- 起磁力 $\mathscr{F}$ とは磁路を+1〔Wb〕が1周するのに要する仕事をいう
  $\mathscr{F}=IN$〔A〕

- 磁界の強さ H 中を+1〔Wb〕が磁路を1周するのに要する仕事　$W=H\ell$〔J〕
- 起磁力とは磁路を+1〔Wb〕が1周するのに要する仕事をいう
  $\mathscr{F}=H\ell$〔A〕

A　起磁力とは磁束を発生する能力をいう

❖図3のような，方形鉄心に N 巻きのコイルを巻いて，これに I〔A〕の電流を流します．
- 方形鉄心の全体の長さを ℓ〔m〕とすれば，鉄心全体の磁位差 U は $H\ell$〔A〕となります．
  この方形鉄心全体の磁位差は，鉄心に巻いたコイルに流れる電流によって生じるので，これを**起磁力**といいます．
- したがって，起磁力は，これによって生ずる磁束に沿って，+1〔Wb〕の磁極が方形鉄心内を1周するのに要する仕事と定義されます．起磁力は磁束を発生する能力をいいます．
- また，図3において，+1〔Wb〕の磁極を磁束に沿って，方形鉄心内を1周するのに要する仕事 W は，1巻きについて I〔J〕ですから，N 巻きでは $W=IN$〔J/Wb〕となり，この仕事 W が，上記定義により，起磁力 $\mathscr{F}$ ということです．　　$\mathscr{F}=IN$〔A〕……（4）
  この式から，起磁力は，コイルの巻数とコイルに流れる電流との積で表されます．

❖図4のような，方形鉄心に N 巻きのコイルを巻いて，I〔A〕の電流を流し，これによって生じる鉄心内の磁界の強さを H〔A/m〕とすれば，+1〔Wb〕の磁極には，H〔N〕の力が働きます．
- したがって，+1〔Wb〕の磁極が，方形鉄心の全周 ℓ〔m〕を1周するのに要する仕事 W は，$H\ell$〔A〕になります．この+1〔Wb〕の磁極が，方形鉄心を1周する仕事 W が，定義により起磁力 $\mathscr{F}$ ですから，
  $\mathscr{F}=H\ell$〔A〕……（5）　（5）式と（4）式から，　$\mathscr{F}=IN=H\ell$〔A〕　この式から，
  $H=\dfrac{\mathscr{F}}{\ell}=\dfrac{IN}{\ell}$〔A/m〕……（6）　となります．

● 電気理論の基礎知識

Q75 磁気回路のオームの法則とはどのような法則なのか

図5 磁気回路のオームの法則

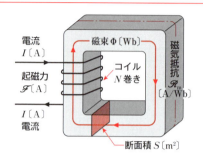

- 起磁力　$\mathcal{F} = \mathcal{R}\Phi$ [A]
- 磁　束　$\Phi = \dfrac{\mathcal{F}}{\mathcal{R}}$ [Wb]
- 磁気抵抗　$\mathcal{R} = \dfrac{\mathcal{F}}{\Phi}$ [A/Wb]

オームの法則

図6 磁気抵抗の求め方

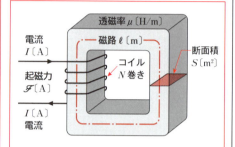

- 磁気抵抗 $\mathcal{R} = \dfrac{1}{\mu} \cdot \dfrac{\ell}{S}$ [A/Wb]

A 起磁力 $\mathcal{F}$ は磁気抵抗 $\mathcal{R}_m$ と磁束 Φ の積に等しい

❖ 図5のような，断面積 S [m²] の方形鉄心に N 巻きのコイルを巻き，これに I [A] の電流を流します。
- この方形鉄心における起磁力 $\mathcal{F}$ は，(4)式(Q 74 参照)により， $\mathcal{F} = IN$ [A] ……(7)
  また，方形鉄心内の磁界の強さ H [A/m] は，(6)式(Q 74 参照)より， $H = IN/\ell$ [A/m] ……(8)
- この方形鉄心内に生ずる磁束密度を B [T]，透磁率を μ [H/m] とすれば，
  $B = \mu H$ [T] (Q 71 (6)式参照) ……(9)　です．
- 起磁力 $\mathcal{F}$ [A] により生ずる磁束 Φ [Wb] が，全部方形鉄心内を通るとすれば，
  磁束 Φ は，　　$\Phi = BS$ (磁束密度×断面積)　です．
  この式に(9)式を代入すると，　$\Phi = \mu HS$ ……(10)　となります．
  (10)式に(8)式を代入すると，　$\Phi = \mu INS/\ell$　となり，この式をさらに変形すると，

  $\Phi = \mu INS/\ell = \dfrac{IN}{\dfrac{1}{\mu} \cdot \dfrac{\ell}{S}} = \dfrac{\mathcal{F}}{\dfrac{1}{\mu} \cdot \dfrac{\ell}{S}} = \dfrac{\mathcal{F}}{\mathcal{R}}$ [Wb]　となります．

  この　$\mathcal{R} = \dfrac{1}{\mu} \cdot \dfrac{\ell}{S}$ [A/Wb] を**磁気抵抗**といいます(図6)．

  磁気抵抗 $\mathcal{R}$ は，磁気回路の長さ ℓ に正比例し，面積 S と透磁率 μ に反比例します．
- 磁気回路の起磁力を $\mathcal{F}$ [A]，磁束を Φ [Wb]，磁気抵抗を $\mathcal{R}$ [A/Wb] とすれば，

  $\Phi = \dfrac{\mathcal{F}}{\mathcal{R}}$　　$\mathcal{F} = \mathcal{R}\Phi$　　$\mathcal{R} = \dfrac{\mathcal{F}}{\Phi}$　　これらを**磁気回路のオームの法則**といいます．

13. 磁気回路

Q76 磁気抵抗が直列の場合の合成磁気抵抗はどう求めるのか

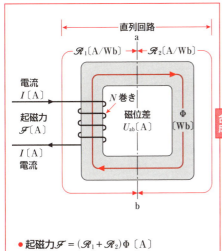

図7 直列の場合の合成磁気抵抗

- 起磁力 $\mathcal{F} = (\mathcal{R}_1 + \mathcal{R}_2)\Phi$ 〔A〕
- 合成磁気抵抗 $\mathcal{R} = \mathcal{R}_1 + \mathcal{R}_2$ 〔A/Wb〕

図8 一つの磁気抵抗に置き替える

- 磁気回路のオームの法則
 起磁力 $\mathcal{F} = \mathcal{R}\Phi$ 〔A〕

A 合成磁気抵抗はそれぞれの磁気抵抗の和に等しい

❖図7のように、方形鉄心のa点とb点の左側の磁気抵抗$\mathcal{R}_1$〔A/Wb〕と、右側の磁気抵抗$\mathcal{R}_2$〔A/Wb〕が、直列の場合の合成磁気抵抗$\mathcal{R}$〔A/Wb〕を求めてみましょう。
　方形鉄心には、N巻きのコイルが巻かれ、これに電流I〔A〕が流れることにより、磁束Φ〔Wb〕が生じているとします。

- 方形鉄心の起磁力$\mathcal{F}$は、$\mathcal{F} = NI$〔A〕、磁束はΦ〔Wb〕、磁気抵抗は$\mathcal{R}_1$〔A/Wb〕と$\mathcal{R}_2$〔A/Wb〕ですから、ab点間の磁位差U_{ab}は、左側では起磁力$\mathcal{F}$から磁気抵抗$\mathcal{R}_1$による磁位降下を引いたもの、また右側では磁気抵抗$\mathcal{R}_2$による磁位降下で表すことができます。
　　ab間の磁位差U_{ab}＝（起磁力）－（$\mathcal{R}_1$中の磁位降下）＝$\mathcal{R}_2$中の磁位降下
　　$\mathcal{R}_1$中の磁位降下＝$\mathcal{R}_1\Phi$〔A〕　　$\mathcal{R}_2$中の磁位降下＝$\mathcal{R}_2\Phi$〔A〕
したがって、$U_{ab} = \mathcal{F} - \mathcal{R}_1\Phi = \mathcal{R}_2\Phi$　この式から、$\mathcal{F} - \mathcal{R}_1\Phi = \mathcal{R}_2\Phi$　そして、変形すると、
　$\mathcal{F} = \mathcal{R}_1\Phi + \mathcal{R}_2\Phi = (\mathcal{R}_1 + \mathcal{R}_2)\Phi$〔A〕……（11）　となります。

❖図8のように、起磁力$\mathcal{F}$〔A〕、磁束Φ〔Wb〕、磁気抵抗$\mathcal{R}$〔A/Wb〕の方形鉄心で、オームの法則を用いると、　　$\mathcal{F} = \mathcal{R}\Phi$〔A〕……（12）　　となります。
　（11）式と（12）式が等しいとすれば、　　$\mathcal{R} = \mathcal{R}_1 + \mathcal{R}_2$〔A/Wb〕　　となります。
　この$\mathcal{R}$を磁気抵抗が直列の場合の**合成磁気抵抗**といいます。

- 磁気回路において、磁気抵抗が直列の場合の合成磁気抵抗は、それぞれの磁気抵抗の和となります。

109

●電気理論の基礎知識

Q77 磁気抵抗が並列の場合の合成磁気抵抗はどう求めるのか

図9 並列回路部分の合成磁気抵抗

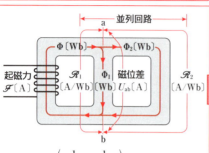

- 磁束 $\Phi = \left(\dfrac{1}{\mathscr{R}_1} + \dfrac{1}{\mathscr{R}_2} \right) U_{ab}$ [Wb]
- 並列回路部分の合成磁気抵抗 $\mathscr{R}$

  $\dfrac{1}{\mathscr{R}} = \dfrac{1}{\mathscr{R}_1} + \dfrac{1}{\mathscr{R}_2}$

図10 一つの磁気抵抗に置き替える

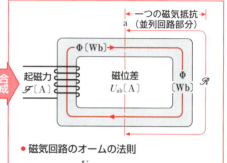

- 磁気回路のオームの法則

  $\Phi = \dfrac{U_{ab}}{\mathscr{R}}$ [Wb]

  $= \dfrac{1}{\mathscr{R}} U_{ab}$ [Wb]

A 合成磁気抵抗はそれぞれの抵抗の逆数の和の逆数に等しい

❖ 図9のような磁気回路において，磁気抵抗 $\mathscr{R}_1$ [A/Wb]と $\mathscr{R}_2$ [A/Wb]が，並列に接続されている部分のみでの合成磁気抵抗 $\mathscr{R}$ [A/Wb]を求めてみましょう．

磁気回路では，起磁力 $\mathscr{F}$ による磁束 Φ [Wb]が，磁気抵抗 $\mathscr{R}_1$ [A/Wb]には Φ_1 [Wb]，また磁気抵抗 $\mathscr{R}_2$ [A/Wb]には Φ_2 [Wb]と分岐しているとします．

- 磁束 Φ が，Φ_1 と Φ_2 に分岐する ab 間の磁位差を U_{ab} とすると，オームの法則により，

  磁気抵抗 $\mathscr{R}_1$ に分岐する磁束 Φ_1 は， $\Phi_1 = U_{ab} / \mathscr{R}_1$ [Wb] …… (13)

  磁気抵抗 $\mathscr{R}_2$ に分岐する磁束 Φ_2 は， $\Phi_2 = U_{ab} / \mathscr{R}_2$ [Wb] …… (14) となります．

- 磁束 Φ は $\Phi = \Phi_1 + \Phi_2$ ですから，この式に(13)式，(14)式を代入すると，

  $\Phi = \dfrac{U_{ab}}{\mathscr{R}_1} + \dfrac{U_{ab}}{\mathscr{R}_2} = \left(\dfrac{1}{\mathscr{R}_1} + \dfrac{1}{\mathscr{R}_2} \right) U_{ab}$ [Wb] …… (15)

❖ 図10において，磁位差 U_{ab} [A]，磁束 Φ [Wb]，磁気抵抗 $\mathscr{R}$ [A/Wb]のみでの磁気回路で，

オームの法則を用いると， $\Phi = \dfrac{1}{\mathscr{R}} \cdot U_{ab}$ [Wb] …… (16) となります．

(15)式と(16)式が等しいとすると， $\dfrac{1}{\mathscr{R}} = \dfrac{1}{\mathscr{R}_1} + \dfrac{1}{\mathscr{R}_2}$ この式を変形すると，

$\mathscr{R} = \dfrac{1}{\dfrac{1}{\mathscr{R}_1} + \dfrac{1}{\mathscr{R}_2}} = \dfrac{1}{\dfrac{\mathscr{R}_2}{\mathscr{R}_1 \mathscr{R}_2} + \dfrac{\mathscr{R}_1}{\mathscr{R}_1 \mathscr{R}_2}} = \dfrac{1}{\dfrac{\mathscr{R}_1 + \mathscr{R}_2}{\mathscr{R}_1 \mathscr{R}_2}} = \dfrac{\mathscr{R}_1 \mathscr{R}_2}{\mathscr{R}_1 + \mathscr{R}_2}$ [A/Wb] となります．

- この $\mathscr{R}$ を，二つの磁気抵抗が並列に接続されている場合の合成磁気抵抗といいます．

13. 磁気回路

Q78 磁気回路の演習問題

問題1

比透磁率 $\mu_r = 2\,800$, 磁路の長さ $\ell = 0.05\,[\mathrm{m}]$ 断面積 $S = 0.01\,[\mathrm{m}^2]$ であるときの, 磁路の磁気抵抗 $\mathscr{R}\,[\mathrm{A/Wb}]$ を求めなさい.

解答

透磁率 $\mu = \mu_0 \mu_r \quad \mu_0 = 4\pi \times 10^{-7}\,[\mathrm{H/m}]$
$\mu = 4\pi \times 10^{-7} \times 2\,800 = 3.52 \times 10^{-3}$

磁気抵抗 $\mathscr{R} = \dfrac{1}{\mu} \cdot \dfrac{\ell}{S}\,[\mathrm{A/Wb}]$

$\mathscr{R} = \dfrac{1}{3.52 \times 10^{-3}} \times \dfrac{0.05}{0.01}$
$\phantom{\mathscr{R}} = 1\,420\,[\mathrm{A/Wb}]$

問題2

比透磁率 $\mu_r = 1\,500$, 断面積 $S = 5\,[\mathrm{cm}^2]$ 磁界の強さ $H = 200\,[\mathrm{A/m}]$ であるときの, 鉄心中の全磁束 $\Phi\,[\mathrm{Wb}]$ を求めなさい.

解答

透磁率 $\mu = \mu_0 \mu_r \quad \mu_0 = 4\pi \times 10^{-7}\,[\mathrm{H/m}]$
$\mu = 4\pi \times 10^{-7} \times 1\,500 = 1.88 \times 10^{-3}$

磁束 $\Phi = \mu H S\,[\mathrm{Wb}]$
$\Phi = 1.88 \times 10^{-3} \times 200 \times 5 \times 10^{-4}$
$ = 1.88 \times 10^{-4}\,[\mathrm{Wb}]$

問題3

比透磁率 $\mu_r = 2\,000$, 断面積 $S = 10^{-4}\,[\mathrm{m}^2]$ 磁気抵抗 $\mathscr{R} = 1.2 \times 10^6\,[\mathrm{A/Wb}]$ 起磁力 $\mathscr{F} = 100\,[\mathrm{A}]$ であるときの, 磁路中の磁界の強さ $H\,[\mathrm{A/m}]$ を求めなさい.

解答

透磁率 $\mu = \mu_0 \mu_r \quad \mu_0 = 4\pi \times 10^{-7}\,[\mathrm{H/m}]$
$\mu = 4\pi \times 10^{-7} \times 2\,000 = 2.51 \times 10^{-3}$

磁束 $\Phi = \dfrac{\mathscr{F}}{\mathscr{R}}\,[\mathrm{Wb}]$

$\Phi = \dfrac{100}{1.2 \times 10^6} = 8.33 \times 10^{-5}\,[\mathrm{Wb}]$

磁束密度 $B = \dfrac{\Phi}{S}$

$B = \dfrac{8.33 \times 10^{-5}}{10^{-4}} = 0.833\,[\mathrm{T}]$

磁界の強さ $H = \dfrac{B}{\mu} = \dfrac{0.833}{2.51 \times 10^{-3}}$

$H = \dfrac{0.833}{2.51 \times 10^{-3}}$
$ = 331\,[\mathrm{A/m}]$

問題4

比透磁率 $\mu_r = 1\,800$, 磁路の長さ $\ell = 0.8\,[\mathrm{m}]$ 断面積 $S = 1.5 \times 10^{-3}\,[\mathrm{m}^2]$ であるとき, 磁路に $1.5 \times 10^{-5}\,[\mathrm{Wb}]$ の磁束を通すための起磁力 $\mathscr{F}\,[\mathrm{A}]$ を求めなさい.

解答

透磁率 $\mu = \mu_0 \mu_r \quad \mu_0 = 4\pi \times 10^{-7}\,[\mathrm{H/m}]$
$\mu = 4\pi \times 10^{-7} \times 1\,800 = 2.26 \times 10^{-3}$

磁気抵抗 $\mathscr{R} = \dfrac{1}{\mu} \cdot \dfrac{\ell}{S}$

$\mathscr{R} = \dfrac{1}{2.26 \times 10^{-3}} \times \dfrac{0.8}{1.5 \times 10^{-3}}$
$\phantom{\mathscr{R}} = 2.35 \times 10^5\,[\mathrm{A/Wb}]$

起磁力 $\mathscr{F} = \mathscr{R} \Phi\,[\mathrm{A}]$
$\mathscr{F} = 1.5 \times 10^{-5} \times 2.35 \times 10^5$
$\phantom{\mathscr{F}} = 3.5\,[\mathrm{A}]$

●資 料

資料　高圧油入変圧器の構造 ― 磁気回路を用いた機器 ―

高圧油入単相変圧器 ― 構造例 ―

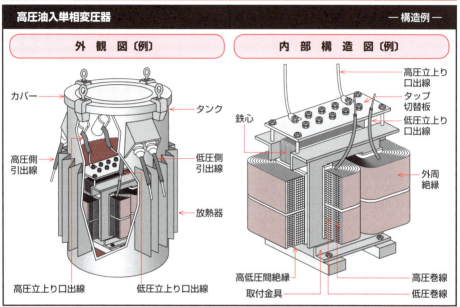

高圧油入三相変圧器 ― 構造例 ―

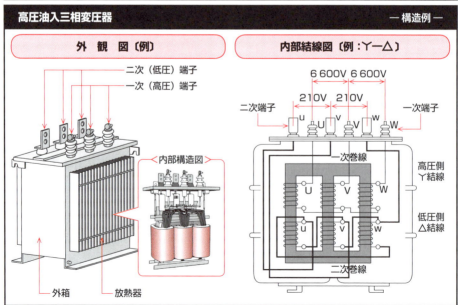

第3章

電気回路の基礎知識

この章のねらい

　この章では,"電気回路についての基礎知識"を容易に理解していただくために,完全図解により学べるようにしてあります.
（1） 電流,電圧,電気抵抗と,それらの関係を示すオームの法則について知りましょう.
（2） 電気回路の構成と電気抵抗の直列回路・並列回路,そして電力・電力量について説明してあります.
（3） 磁界中で電線が動くと起電力を生ずる電磁誘導作用について理解しましょう.
（4） 電磁誘導作用により正弦波交流起電力が生じ,その瞬時値,平均値,実効値について学びましょう.
（5） 交流での電気抵抗・コイル・コンデンサの各単体での回路の電流,電圧の関係と,その組み合わせ回路における合成インピーダンスの求め方について知りましょう.
（6） 三相交流起電力の発生原理と,三相交流回路のスター結線,デルタ結線について理解しましょう.
（7） 交流の単相回路,三相回路における電力の求め方について知りましょう.
（8） ブリッジ回路と,その応用としてホイートストンブリッジ,ダブルブリッジ,コールラウシュブリッジについて説明してあります.

●電気回路の基礎知識

1 電流・電圧・電気抵抗の関係

Q1 直流と交流はどう違うのか

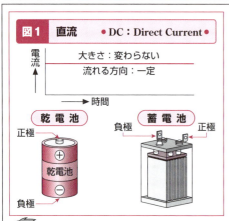

図1 直流 ●DC：Direct Current●
- 大きさ：変わらない
- 流れる方向：一定
- 乾電池／蓄電池

図2 交流 ●AC：Alternating Current●
- 大きさ：変わる
- 流れる方向：変わる
- 商用電源／コンセント

A 直流は大きさが同じで，一定の方向に流れる電気をいう

- ❖ 私たちが，日常よく使っている電気は，流れ方によって直流と交流の2種類があります．
- **直流**とは，時間に対して，常に大きさが同じで，一定の方向に流れる電気をいいます．
- 直流は英語で，Direct Current といい，**DC** と呼称しています．
- 直流の身近な例としては，乾電池，蓄電池などの電気が，これに該当します(図1)．
- 乾電池，蓄電池では，プラス(正)極からマイナス(負)極に向かって，同じ大きさの電流が流れますので，これらの極を逆にすると電流が流れず，電気製品は動作しないので注意しましょう．

A 交流は大きさと方向が変化する電気をいう

- ❖ **交流**とは，時間に対して，大きさと流れる方向が変化する電気をいいます．
- 交流は英語で，Alternating Current といい，**AC** と呼称しています．
- 交流の身近な例としては，電力会社から家庭に送られている電気(商用電源)が該当し，テレビ，電気冷蔵庫，電気洗濯機，照明器具などの家庭用電気製品は，交流の電気が使われています(図2)．
- 流れる方向が時間とともに変わる交流は，家庭内のコンセントにプラグを差し込めば電流が流れ，電気製品は動作します．

114

1. 電流・電圧・電気抵抗の関係

Q2 電流とは何が流れているのか

図3 電流は自由電子の流れ

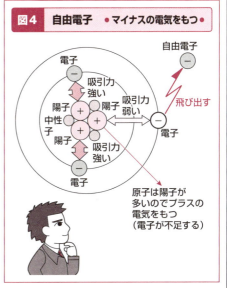

図4 自由電子 ●マイナスの電気をもつ●

A 電流は自由電子のマイナスからプラスへの移動をいう

- ❖ プラスの電気をもつ物体Aとマイナスの電気をもつ物体Bを銅線でつなぎ合わせると，銅線を通って物体Bから物体Aに，電子（マイナスの電気）の流れを生じます（図3）．
- これは，プラスの電気をもつ物体Aは陽子（プラスの電気）が多い，つまり電子（マイナスの電気）が不足している状態であり，物体Bは，電子が余っている状態ですから，物体Bの自由電子が銅線を通って，物体Aの不足電子を補おうとして，いっせいに動き出すからです．
- このような自由電子の移動，つまり，流れを"**電流**"というのです．
- ❖ 水の流れにも方向があるように，電気の流れ，電流にも方向があります．それでは電子の移動方向を電流の方向とするのかというと，そうではなく逆方向を電流の方向といいます．
- これは，昔まだ電子が発見されていないころに，プラスの電気の移動方向を電流の方向と定めたもので，電流の正体である電子の移動と比較してみたら，逆であったということです．
- ❖ それでは，電流の正体である自由電子について，次に記します．
- 原子において，電子は原子核の周りをいくつもの軌道で回っていますので，一番外側を回るマイナスの電気をもつ電子は，原子核のプラスの電気をもつ陽子から離れていて，電子のもつマイナスの電気と陽子のもつプラスの電気との引き合う力が弱いため，物質によっては，外からの熱や摩擦などの刺激が加わると，その軌道から外れて，原子から飛び出してしまいます（図4）．
- このような電子を"**自由電子（マイナスの電気）**"といいます．また，自由電子が飛び出した原子は陽子の数が電子の数より多くなるので，プラスの電気をもつことになります．

115

●電気回路の基礎知識

Q3 電圧とはどういうことなのか

図5 水は高水位から低水位に流れる

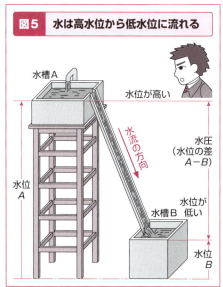

図6 電流は高電位から低電位に流れる

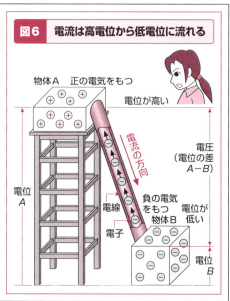

A 電圧とは電位の差をいう

❖電気の流れを水の流れにたとえてみましょう．
- 高い位置にある水は，低い位置にある水よりも，位置エネルギーが大きいため，水位の高い水槽Aから，水位の低い水槽Bに向かって，水が流れます(図5)．
- 電気の流れである電流も，まったくこれと同じで，この水位に相当するのが"**電位**"(第2章Q5参照)です．
- 物体A(正の電気をもつ)と物体B(負の電気をもつ)を電線でつなぐと，電流は電位の高い正の電気をもつ物体Aから，電位の低い負の電気をもつ物体Bの方(電子の移動は逆)に流れます(図6)．
- この正の電気をもつ物体Aと負の電気をもつ物体Bとの間にある電位の差，つまり，電位差を"**電圧**"といいます．
- 電気の圧力(電圧)により，物質を形成する原子内の自由電子が移動し，電流が流れるのです．
❖**電圧**とは，2点間の電位差をいい，1クーロンの正電気がもつ位置エネルギーをいいます．
- 電圧を測る単位には"ボルト"が用いられます．
  - 1クーロンの電気の量が2点間を移動して，1ジュールの仕事をするとき，この2点間の電圧を"1ボルト(1V)"といい，量記号は**V**(Volt)を用います．
  - 富士山の高さは，海抜3776mですが，これは海面を基準として測った高さです．電圧もこれと同様で，電圧を測る基準として，地球，つまり大地を0ボルトとし，この大地との電位の差(電位差)を電圧といいます．

116

1. 電流・電圧・電気抵抗の関係

Q4 電気抵抗は何に抵抗するのか

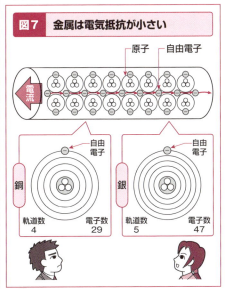

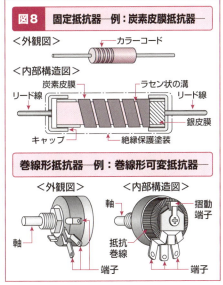

A 電気抵抗は電流（自由電子）の流れに抵抗する

- 金属の中を電流が流れるのは、その金属の原子のいちばん外側の軌道を回っている自由電子が、隣り合っている原子から原子へと出入りして、一定の方向に移動することによります．
- 金属の中でも、銅や銀、金などの金属の原子は、自由電子をいちばん外側の軌道に1個だけもっているので、このような金属の自由電子は、他の金属に比べて、原子の間を次々に移動しやすい性質をもっています（図7）．
- 原子間を自由電子が移動しやすいということは、電流が流れやすい性質ということで、逆にいうと、電流の流れを妨げようとする抵抗（これを"**電気抵抗**"、単に"**抵抗**"といいます）が小さいということです．
- また、外側の軌道に自由電子を2個もっている鉄や、4個もっている錫などは銅や銀、金に比べると、自由電子が移動しにくい、つまり、電流の流れを妨げる電気抵抗が大きいということです．
- このように、金属の種類により、電気抵抗は異なります．
- 電流の流れを妨げる働きをする電気抵抗を得る目的でつくられた機器を"**抵抗器**"といいます．
- 抵抗器のもつ電気的な値を"**抵抗値**"といいます．厳密には抵抗器の抵抗値というのですが、この言い方は、たいへん面倒ですので、抵抗器のことも抵抗値のことも、単に抵抗といっています．
- 抵抗器には、電気抵抗の値が一定の"**固定抵抗器**"と電気抵抗の値を任意に変えて、電圧や電流を変化させるときに使用する"**可変抵抗器**"があります（図8）．
- 抵抗器には、炭素皮膜抵抗器、巻線形抵抗器などがあります．

●電気回路の基礎知識

Q5 電流・電圧・電気抵抗にはどんな関係があるのか

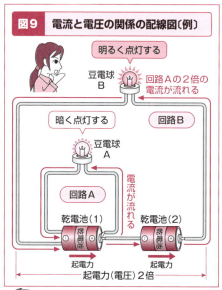

図9　電流と電圧の関係の配線図(例)

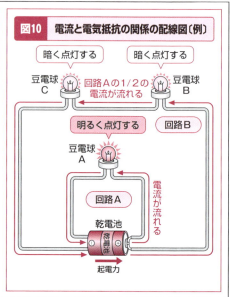

図10　電流と電気抵抗の関係の配線図(例)

A　電流は電圧に比例し，電流は電気抵抗に反比例する

- ❖まず，電流と電圧(起電力)の関係を調べるために，実験をしてみましょう(図9)．
- 回路Aでは，乾電池(1)の起電力によって，回路に電流が流れ，豆電球Aが点灯しています．
- 回路Bでは，乾電池(1)と乾電池(2)という二つの乾電池の起電力(2倍)によって，回路に電流が流れ，豆電球Bが豆電球Aよりも，ずっと明るく点灯しています．
- 回路Bの豆電球Bが，回路Aの豆電球Aよりずっと明るいのは，乾電池1個よりも，起電力(電圧)が2倍となる乾電池2個の方が，多くの電流(実際は2倍)が流れているということです．
- すなわち，"**電流は電圧(起電力)に比例して流れる**"のです．
- ❖次に，電流と電気抵抗との関係を調べるために，実験をしてみましょう(図10)．
- 回路Aでは，乾電池の起電力によって，回路に電流が流れ，豆電球Aが点灯しています．
- 回路Bでは，乾電池の起電力によって，回路に電流が流れ，豆電球Bと豆電球Cが点灯していますが，豆電球Aより，ずっと暗くなります．
- 回路Bにおいては，豆電球Bと豆電球Cが2個じゅずつなぎになっているので，電流の流れを妨げる働きをする電気抵抗が，回路Aの豆電球1個の場合の2倍になっており，それだけ電流は少なくなり(実際は1/2)，豆電球Bと豆電球Cは，豆電球Aより暗くなるのです．
- 電流は，電気抵抗が大きくなると流れにくくなることから，"**電流は電気抵抗に反比例して流れる**"のです．

118

1. 電流・電圧・電気抵抗の関係

Q6 オームの法則とはどんな法則なのか

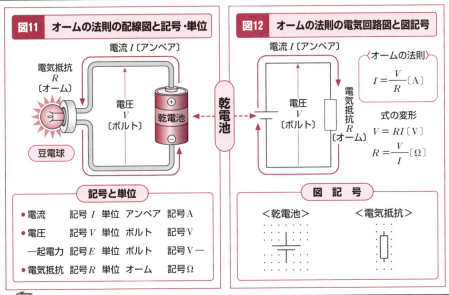

オームの法則は電流・電圧・電気抵抗の関係を示す

- 前ページの実験で，"電流は電圧(起電力)に比例して流れる"ことを，また，"電流は電気抵抗に反比例して流れる"ことを知りました．
- そこで，この二つをまとめると，"**電流は，電圧に比例し，電気抵抗に反比例して流れる**"ことになります．
- この電流，電圧，そして電気抵抗の関係を示したのが，"**オームの法則**"です(図11)．
- オームの法則は，R〔オーム〕の電気抵抗に，V〔ボルト〕の電圧を加えたときに，流れる電流をI〔アンペア〕とすれば，次の式で表されます(図12)．

- 電　流 $= \dfrac{\text{電　圧}}{\text{電気抵抗}}$〔アンペア〕　　$I = \dfrac{V}{R}$〔A〕　この式を変形すると，
- 電　圧 $=$（電気抵抗）$\times$ 電流〔ボルト〕　　$V = RI$〔V〕
- 電気抵抗 $= \dfrac{\text{電　圧}}{\text{電　流}}$〔オーム〕　　$R = \dfrac{V}{I}$〔Ω〕

- 電流の量記号はI，単位は**アンペア**〔A〕，電圧の量記号はV，単位は**ボルト**〔V〕，電気抵抗の量記号はR，単位は**オーム**〔Ω〕です．
- オームの法則は，1789年にドイツ中部の都市エルランゲルで生まれたドイツの科学者ゲオルク・ジーモン・オーム(Georg Simon Ohm : 1789〜1854年)によって発見された法則です．
- オームは，"オームの法則"を発見したのちも，生涯，電気について研究を続けた人です．

119

●電気回路の基礎知識

② 抵抗の直列回路・並列回路

Q7 電気回路はどんな構成になっているのか

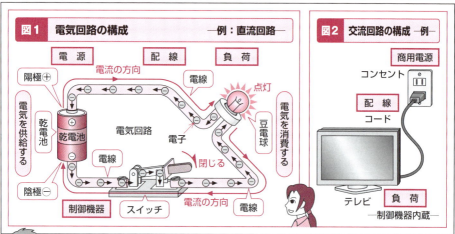

A 電気回路は電源・制御機器・配線・負荷で構成される

- ❖乾電池と豆電球,そしてスイッチを電線で,図1のように結んでみましょう.
- そこで,スイッチを閉じると,乾電池から豆電球に電流が流れて,豆電球が点灯します.
- このときの電気の通る路(自由電子の流れは逆になる)を調べてみましょう.電流は,乾電池の(＋)極から出て豆電球を通り,スイッチを通って乾電池の(－)極に戻ります.
- 乾電池内では,電流は(－)極から(＋)極に向かって流れるので,電気の通り路には,どこにも切れ目がないことがわかります.(乾電池の働きについては,次ページ参照)
- このような電気の通る専用道路を"**電気回路**"といい,単に"**回路**"ともいいます.
- ❖電気回路において,乾電池のように電気を供給する源を"**電源**"といいます.
- 電源には,直流電源と交流電源があり,乾電池などの直流電源を用いた回路を**直流回路**といいます.電力会社から送られてくるのは交流電源で,交流電源を用いた回路を**交流回路**といいます(図2).
- 電源から電気の供給を受けて,いろいろな仕事をする装置を"**負荷**"(例:豆電球)といいます.
- スイッチのように,回路に電流を流したり,流さなかったりして,電流をコントロールする機器を"**制御機器**"といいます.
- 電源と負荷および制御機器とを結ぶ電気の通る路をかたちづくる電線を"**配線**"といいます.

2. 抵抗の直列回路・並列回路

Q8 乾電池はどんな働きをするのか

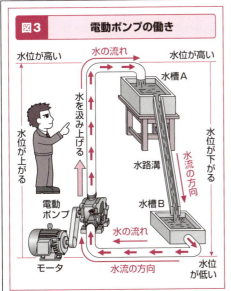

図3 電動ポンプの働き

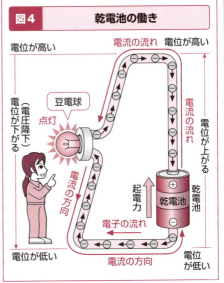

図4 乾電池の働き

乾電池は電流を流し続ける力（起電力）がある

- ❖ 水位の高い水槽Aから水位の低い水槽Bに水は流れますが，水槽Aの水が全部水槽Bに移ってしまえば，水は流れなくなります．
- ● それでは，水が連続して水槽Aと水槽Bを循環するように，電動ポンプを動かしてみると，どうなるでしょう（図3）．
- ● 水位の高い水槽Aから水路溝を通って水槽Bに流れた水は，電動ポンプによって水槽Aに汲み上げられて水位が上がり，切れ目のない水の通り路（回路）ができますから，水は連続して流れます．
- ❖ 前項のQ3のように，正の電気をもつ物体Aと負の電気をもつ物体Bを電線でつないでも，正と負の電気が全部中和してしまえば，電流は流れなくなります．
- ● 乾電池の正極と負極の間に豆電球を電線でつなぐと，電流がいつまでも流れ，豆電球が点灯を続けるのは，乾電池が電動ポンプの役割をして，電気を汲み上げているからです（図4）．
- ❖ 乾電池につながれている豆電球が点灯し続けるのは，乾電池が負極に対して正極の電位を上げて，電位の差（電圧）を生じさせることにより，正極から豆電球を通って負極に電流が流れるからです．
- ● 乾電池は，電気が電流によって運び去られて中和し電位が下がる，つまり電圧降下しても，内部の化学エネルギーを電気エネルギーに変えることによって新しく電気を補充して，電位の差（電圧）を消滅させずに継続して働く力があり，この働く力を"**起電力**"といいます．
- ● 乾電池は，その内部の物質中に保有されている化学エネルギーとして電気を蓄えておき，必要なときにそれを取り出すようにした"電気の缶詰"といえます（次項Q13参照）．

121

● 電気回路の基礎知識

Q9 抵抗の直列回路はどうつなぐのか

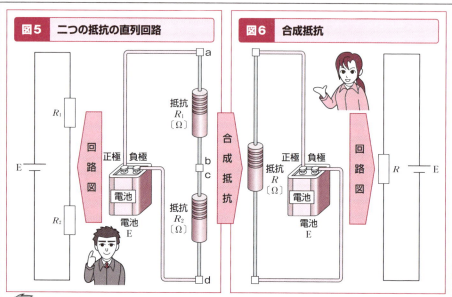

A 抵抗を1列に接続する回路を直列回路という

❖ 抵抗を直列に接続するとは，電車の車輌が連結しているように，抵抗を次々に1列につなぐことで，これを"**抵抗の直列接続**"といいます．そして，抵抗を直列に接続した回路を"**抵抗の直列回路**"といいます．

❖ それでは，直流電源である電池Eに，抵抗値が R_1 〔Ω〕と R_2 〔Ω〕の二つの抵抗を直列に接続して，抵抗の直列回路をつくってみましょう．

● 配線の手順は，次のとおりです（図5）.

　手順〔1〕　抵抗 R_1 の端子aを電池Eの正極に接続します．
　手順〔2〕　抵抗 R_1 の端子bを抵抗 R_2 の端子cに接続します．
　手順〔3〕　抵抗 R_2 の端子dを電池Eの負極に接続します．

❖ 次に，抵抗の直列回路の合成抵抗について，説明しましょう．

● 抵抗 R_1 と R_2 は直列接続していますが，この二つの抵抗を一緒にしたのと同じ抵抗値をもつ一つの抵抗 R として表すことを，抵抗 R_1 と R_2 の直列接続の"**合成抵抗**"といいます（図6）.

● 電気回路には，多くの抵抗が接続されていますので，これらの抵抗を一つの抵抗として表すことができれば，オームの法則（前項Q6参照）を適用できるので，電気回路の計算が容易になります．

● このように，複数の抵抗を一つの抵抗とみなしたとき，一般に，この一つの抵抗を合成抵抗といいます．

2. 抵抗の直列回路・並列回路

Q10 直列回路の合成抵抗はどう求めるのか

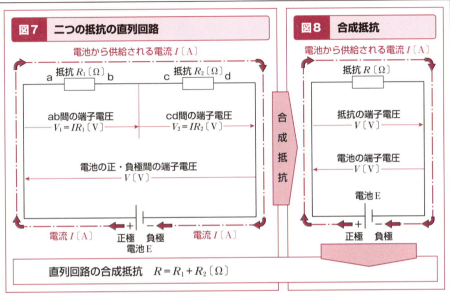

図7 二つの抵抗の直列回路

図8 合成抵抗

直列回路の合成抵抗 $R = R_1 + R_2 \, [\Omega]$

A 抵抗 R_1 と R_2 の直列回路では，その和が合成抵抗になる

- ❖電池Eは，電位を上げる働きがありますから，その端子電圧を $V\,[\mathrm{V}]$ とすると，電池の正極端子は，負極端子を基準電圧 $0\,[\mathrm{V}]$ としたとき， $V\,[\mathrm{V}]$ だけ高くなります(図7)．
- ❖直列接続では，抵抗 R_1 と R_2 が1列につながっていますので，同じ大きさの電流 $I\,[\mathrm{A}]$ が流れます．そして，電流は電位の高い点から電位の低い点に流れます．
- ●抵抗 R_1 では，電流 I は電位の高い端子 a から電位の低い端子 b に流れます．抵抗 R_1 の端子 a と端子 b の電位差 V_1 は，オームの法則により， $V_1 = R_1 I\,[\mathrm{V}]$ ……（1） です．
つまり抵抗 R_1 の端子 b は端子 a より電位が $V_1\,[\mathrm{V}]$ だけ下がり電圧降下したことになります．
- ●抵抗 R_2 では，電流 I は電位の高い端子 c から電位の低い端子 d に流れます．抵抗 R_2 の端子 c と端子 d の電位差 V_2 は，オームの法則により， $V_2 = R_2 I\,[\mathrm{V}]$ ……（2） です．
つまり抵抗 R_2 の端子 d は端子 c より電位が $V_2\,[\mathrm{V}]$ だけ下がり電圧降下したことになります．
- ●このことから電池Eは，電位を $V\,[\mathrm{V}]$ 上げ，抵抗 R_1 と R_2 は電位を $V_1\,[\mathrm{V}]$ ， $V_2\,[\mathrm{V}]$ 下げ，その和は，電池Eが上げた端子電圧 $V\,[\mathrm{V}]$ と等しいということです． $V_1 + V_2 = V\,[\mathrm{V}]$ ……（3）
- ❖図7の抵抗 R_1 と R_2 の直列回路では， $V = V_1 + V_2\,[\mathrm{V}]$ となりますから，この式に（1）式，（2）式を代入すると， $V = V_1 + V_2 = R_1 I + R_2 I = (R_1 + R_2) I\,[\mathrm{V}]$ ……（4） となります．
- ●図8のように，電池Eの端子電圧が $V\,[\mathrm{V}]$ で，電流 $I\,[\mathrm{A}]$ が流れる一つの抵抗 $R\,[\Omega]$ において，オームの法則を適用すると， $V = RI\,[\mathrm{V}]$ ……（5） となります．ここで，（4）式と（5）式が等しいとすれば， $R = R_1 + R_2\,[\Omega]$ ……（6） となり，この R が直列回路の**合成抵抗**です．

123

●電気回路の基礎知識

Q11 抵抗の並列回路はどうつなぐのか

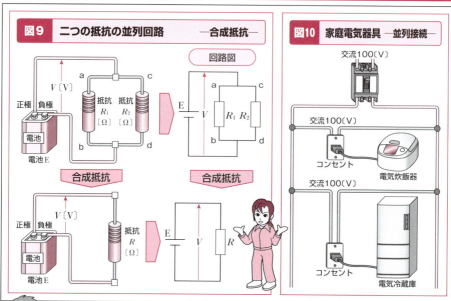

A 抵抗を並べてつなぐ回路を並列回路という

- ❖抵抗を並列に接続するとは，それぞれの抵抗の両端子を一緒にして，並べてつなぐことで，これを"**抵抗の並列接続**"といいます．そして抵抗を並列に接続した回路を"**抵抗の並列回路**"といいます．
- ❖それでは，直流電源である電池EにR_1〔Ω〕とR_2〔Ω〕の二つの抵抗を並列に接続して，抵抗の並列回路をつくってみましょう．その配線の手順は，次のとおりです（**図9**）．
  - 手順〔1〕 抵抗R_1の端子aと抵抗R_2の端子cを接続します．
  - 手順〔2〕 抵抗R_1の端子aと抵抗R_2の端子cの接続部を，電池Eの正極につなぎます．
  - 手順〔3〕 抵抗R_1の端子bと抵抗R_2の端子dを接続します．
  - 手順〔4〕 抵抗R_1の端子bと抵抗R_2の端子dの接続部を，電池Eの負極につなぎます．
- ●このように，並列に接続すると，抵抗R_1とR_2と抵抗値が異なっても，抵抗R_1とR_2の両端には，電池Eの端子電圧V〔V〕が加わるので，同じ電圧となります．
- ❖抵抗R_1とR_2を並列接続したとき，この二つの抵抗を一緒にしたのと同じ抵抗値をもつ一つの抵抗として表すことを，抵抗R_1とR_2の並列接続の"**合成抵抗**"といいます（**図9**）．
- ❖家庭では，テレビ，電気炊飯器，電気冷蔵庫と多くの電気器具が使用されており，コンセントにコードをつないで電源とします．これは100〔V〕の電源に対し並列に接続するためです．
- ●電気器具を並列に接続することにより，電力会社から給電される100〔V〕という同じ交流電圧が，どの電気器具にも加わるようにしているのです（**図10**）．

2. 抵抗の直列回路・並列回路

Q12 並列回路の合成抵抗はどう求めるのか

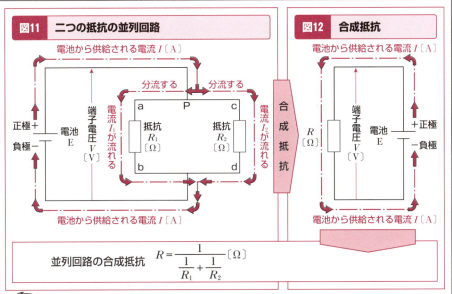

並列回路の合成抵抗　$R = \dfrac{1}{\dfrac{1}{R_1} + \dfrac{1}{R_2}}$ 〔Ω〕

A 抵抗 R_1 と R_2 の並列回路では各抵抗の逆数の和の逆数が合成抵抗である

❖ それでは，抵抗 R_1 と R_2 を並列接続した回路における電流の流れ方について説明しましょう．
- 抵抗 R_1 の両端子 ab には，電池 E の端子電圧 V〔V〕が加わっていますので，流れる電流 I_1 はオームの法則により，$I_1 = V/R_1$〔A〕……（7）　となります．
- 抵抗 R_2 の両端子 cd には，電池 E の端子電圧 V〔V〕が加わっていますので，流れる電流 I_2 はオームの法則により，$I_2 = V/R_2$〔A〕……（8）　となります．

❖ 図 11 に示すように，直流電源である電池 E から供給される電流 I は，接続点 P で抵抗 R_1 に流れる電流 I_1 と，抵抗 R_2 に流れる電流 I_2 に分かれています．ということは，電池 E からの電流 I は二つの抵抗に流れる電流 I_1 と I_2 の和となります．$I = I_1 + I_2$〔A〕……（9）
したがって，（9）式に（7）式と（8）式を代入すると，

$$I = I_1 + I_2 = \dfrac{V}{R_1} + \dfrac{V}{R_2} = \left(\dfrac{1}{R_1} + \dfrac{1}{R_2}\right) V \text{〔A〕} \cdots\cdots (10)$$

になります．

❖ 図 12 のように，電池 E の端子電圧が V〔V〕で，電流 I〔A〕が流れる一つの抵抗 R〔Ω〕で，オームの法則を適用すると，$I = V/R = (1/R) \cdot V$〔A〕……（11）　です．

ここで，（10）式と（11）式が等しいとすれば，$\dfrac{1}{R} = \dfrac{1}{R_1} + \dfrac{1}{R_2}$　となります．

したがって，並列回路の合成抵抗 R は，$R = \dfrac{1}{\dfrac{1}{R_1} + \dfrac{1}{R_2}}$〔Ω〕　となります．

●電気回路の基礎知識

③ 直流回路の電力・電力量

Q13 電池はどのようにして電気を生み出すのか

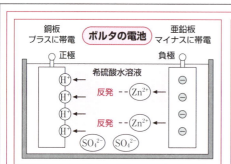

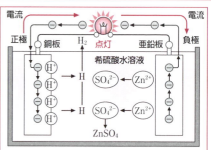

イオンになりやすい
大 イオン化傾向 小
K＞Ca＞Na＞Mg＞Al＞Zn＞Fe＞Ni＞Sn＞Pb＞H＞Cu＞Hg＞Ag＞Pt＞Au

A 電池はイオン化傾向の異なる金属間の自由電子の移動で電気を生み出す

- ❖ 異なる2種類の金属と電解液（電気を通す液体）とを組み合せると電池になり，イオン化傾向の大きい方の金属が負極となり，小さい方の金属が正極となります．
- ● **イオン化傾向**とは，溶液中における元素（主に金属）のイオンになりやすさの相対尺度です．
- ❖ イオン化傾向の異なる銅板と亜鉛板を電解液としての希硫酸（薄い硫酸水溶液）に浸したものを"**ボルタの電池**"といいます（上欄左図）．
- ● 硫酸 H_2SO_4 は，水溶液中で水素イオン H^+ と硫酸イオン SO_4^{2-} に電離して電解液になります．
- ● 亜鉛板からは，亜鉛イオン Zn^{2+} がプラスイオンとして溶け出し，後に自由電子が残ることから，亜鉛板はマイナスに帯電し，負極となります．
- ● 電解液中では，亜鉛イオン Zn^{2+} の方が水素イオン H^+ よりイオン化傾向が大きく，ともに同種のプラスイオンですので反発し，水素イオン H^+ が銅板に付着しプラスに帯電して正極になります．
- ❖ 上欄右図のように，亜鉛板と銅板に豆電球をつなぐと，亜鉛板の自由電子が銅板のプラスの電荷に引かれて移動，つまり電流が流れて豆電球が点灯します．これがボルタの電池の原理です．
- ● 自由電子は，銅板の水素イオン H^+ と結合して水素 H_2 となり，亜鉛イオン Zn^{2+} は硫酸イオン SO_4^{2-} と結合して硫酸亜鉛 $ZnSO_4$ になります．

3. 直流回路の電力・電力量

Q14 電力量とはどういうものなのか

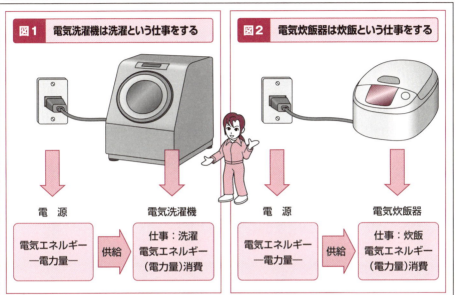

図1 電気洗濯機は洗濯という仕事をする

図2 電気炊飯器は炊飯という仕事をする

電源 → 電気エネルギー —電力量— 供給 → 電気洗濯機 仕事：洗濯 電気エネルギー（電力量）消費

電源 → 電気エネルギー —電力量— 供給 → 電気炊飯器 仕事：炊飯 電気エネルギー（電力量）消費

A 電力量とは負荷に仕事をさせる電気エネルギーをいう

❖ 電流は，自由電子の移動ですから，1秒間にどれだけの自由電子がその部分を通るかで，電流の大きさを表します．
● 1秒間に1クーロン〔C〕の電気の量が流れたら"1アンペア〔A〕の電流が流れた"といいます．1クーロンとは 6.25×10^{18} 個の自由電子に相当する電気の量です．
❖ 導体に対して t 秒〔s〕間に，Q クーロン〔C〕の電荷が移動したとすれば，導体に流れる電流 I アンペア〔A〕は， $I = Q〔C〕/t〔s〕$ ……… (1) です．
(1)式を変形すると，電荷 Q は， $Q = It〔C〕$ ……………… (2) となります．
● この電荷 Q が移動するためには，ある大きさの電気エネルギーが必要となります．その電気エネルギーを供給してくれるのが，起電力を発生する電源（直流電源：電池，交流電源）といえます．
● エネルギーとは，"他に対して仕事をさせるもの"です．
● したがって，電気エネルギーとは，"電気的負荷（例：電気製品）に対して，どれだけ仕事をさせるかの量"を表し，これを"**電力量**"といいます．
● たとえば，電気エネルギー（電力量）は，電気洗濯機に"洗濯"という仕事をさせ（図1），電気炊飯器には"ご飯を炊く"という仕事をさせて（図2）消費されます．この電力量を消費電力ともいいます．
● 電力量は，一般に英文字の "W" で表します．
● また，電力量の単位は "Ws"（ワット秒）を用います．

127

●電気回路の基礎知識

Q15 電力量はどういう式で表されるのか

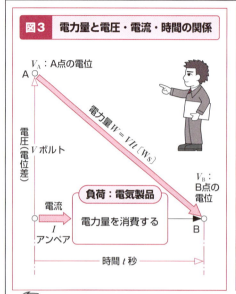

図3 電力量と電圧・電流・時間の関係

図4 直流回路の電力と電力量の単位

〈電力の単位〉
- $1[W] = 1[V] \times 1[A] = 1[VA]$
- $1[kW] = 1[W] \times 1\,000 = 1\,000[W]$

〈電力と電力量の単位の関係〉
- 電力量 $W[Ws]$ = 電力 $P[W] \times t[s]$
  $1[Ws] = 1[J]$
- 電力量 $W[Wh]$ （ワット時）
  $= P[W] \times t[h]$
  $= P[W] \times t[s] \times 3.6 \times 10^3[Ws]$
- 電力量 $W = [kWh]$ （キロワット時）
  $= P[kW] \times t[h]$
  $= P[W] \times 10^3 \times t[s] \times 3.6 \times 10^3$
  $= P[W] \times t[s] \times 3.6 \times 10^6[Ws]$

A 電力量は 電力量=電圧 × 電流 × 時間 で表す

❖ 1ジュール〔J〕という仕事は，1ボルト〔V〕の電位差のところを1クーロン〔C〕の電荷が移動したときになされる仕事をいいます．

● 図3のように，負荷に電圧 $V[V]$（AB端子間の電位差 $V_A - V_B$）を加えたとき，t 秒間に $Q[C]$ の電荷が移動するのに要する仕事，つまり，電源から供給される電力量 W（電気エネルギー）は，
　電力量 $W[Ws]$ ＝電圧 $V[V] \times$ 電荷 $Q[C]$ で表されます．
$$W = VQ[Ws] \quad \cdots\cdots\cdots\cdots(3)$$
（3）式に，前ページの（2）式を代入すると，
$$W = VQ = VIt[Ws] \quad \cdots\cdots\cdots(4)$$ になります．つまり，
　電力量 $W[Ws]$ ＝電圧 $V[V] \times$ 電流 $I[A] \times$ 時間 $t[s]$ $\cdots\cdots\cdots(5)$ となります．

❖ 電力量の単位は〔Ws〕ですが，大きな電力量を表すには時間に"時"を用います（図4）．
　1〔Ws〕（ワット秒）$\cdots\cdots\cdots\cdots\cdots$ 1ワットを1秒消費する電力量
　1〔Wh〕（ワット時）$\cdots\cdots\cdots\cdots\cdots$ 1ワットを1時間消費する電力量
　　　　　　　　　　　　　　　　　　$1[W] \times 60分 \times 60秒 = 3\,600[Ws]$
　1〔kWh〕（キロワット時）$\cdots\cdots\cdots$ 1キロワットを1時間消費する電力量
　　　　　　　　　　　　　　　　　　$1\,000[W] \times 60分 \times 60秒 = 3.6 \times 10^6[Ws]$
　1〔MWh〕（メガワット時）$\cdots\cdots\cdots$ 1メガワットを1時間消費する電力量
　　　　　　　　　　　　　　　　　　$10^6[W] \times 3.6 \times 10^3秒 = 3.6 \times 10^9[Ws]$

3. 直流回路の電力・電力量

Q16 電力はどういう式で表されるのか

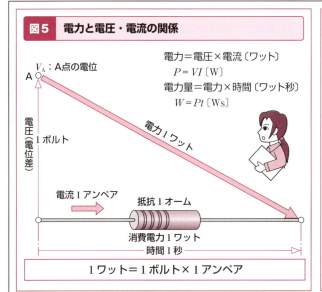

図5 電力と電圧・電流の関係

電力＝電圧×電流〔ワット〕
$P = VI$ 〔W〕
電力量＝電力×時間〔ワット秒〕
$W = Pt$ 〔Ws〕

1ワット＝1ボルト×1アンペア

図6 電力と仕事の単位

電力：1ワット
＝
仕事率：1ジュール／秒

1 〔W〕 = 1 〔J/s〕

電力量：1ワット秒
＝
仕事：1ジュール

1 〔Ws〕 = 1 〔J〕

A 直流回路では 電力＝電圧 × 電流 で表す

❖ **電力**とは，1秒間当たりの電気エネルギー，つまり，1秒間当たりの電力量をいいます．
電力は，一般に英文字の"P"で表します．また，単位は英文字の"W"（ワット）を用います．

● 電源から電力量（電気エネルギー）が供給され，負荷（例：電気製品）で仕事をするときは，電力量（電気エネルギー）が，そこで消費されるということになるので，1秒間当たりの消費される電力量，すなわち，電力を"**消費電力**"ともいいます．

$$電力 P = \frac{電力量〔Ws〕}{時間\ t〔s〕} \quad \cdots\cdots (6)$$

（6）式に前ページの（4）式を代入すると，

$$電力 P = \frac{W〔Ws〕}{t〔s〕} = \frac{VIt〔Ws〕}{t〔s〕} = VI〔W〕 \cdots\cdots (7)$$

つまり，直流電源（例：電池）から電力量（電気エネルギー）が供給され，負荷で消費される電力 P（消費電力：1秒間当たりの電力量）は， **電力 P＝電圧 V×電流 I〔W〕** となります．

❖ 仕事の単位の〔J〕（ジュール）と電力の単位〔W〕（ワット）との関係は，毎秒なされる仕事の割合（物理でいう仕事率）が電力となりますから，

1〔W〕= 1〔J/s〕（ジュール／秒）または 1〔Ws〕= 1〔J〕 となります（図6）．

● 1〔W〕の電力は，1秒〔s〕間に 1〔J〕の仕事をする率であって，1〔V〕の電圧で 1〔A〕の電流が流れ 1〔Ω〕の抵抗中で消費される電力量（電気エネルギー）であるといえます．

●電気回路の基礎知識

Q17 抵抗で消費される電力と電力量はどう求めるのか

電力と電圧・電流の関係

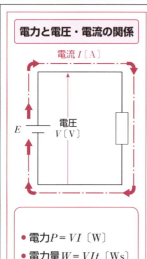

- 電力 $P = VI$ 〔W〕
- 電力量 $W = VIt$ 〔Ws〕

電力と電圧・抵抗の関係

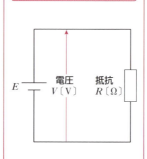

- 電力 $P = \dfrac{V^2}{R}$ 〔W〕
- 電力量 $W = \dfrac{V^2}{R}t$ 〔Ws〕

電力と電流・抵抗の関係

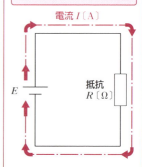

- 電力 $P = RI^2$ 〔W〕
- 電力量 $W = RI^2 t$ 〔Ws〕

電力 $P = RI^2 = \dfrac{V^2}{R}$,　電力量 $W = RI^2 t = \left(\dfrac{V^2}{R}\right)\cdot t$ で求める

❖上図のような直流回路において，抵抗 R で消費される電力と電力量を求めてみましょう。
オームの法則から電圧 V と電流 I は，

$V = RI$ 〔V〕 ……… (8)　　　$I = \dfrac{V}{R}$ 〔A〕 ……… (9)

- 前ページの(7)式に(8)式を代入すると，電力 P は，
  電力 $P = VI = RI \times I = RI^2$ 〔W〕……… (10) 〔電力を電流と抵抗で表現した式〕
- 電力 P 〔W〕を抵抗 R 〔Ω〕で，t 秒〔s〕間消費したとすれば，電力量 W 〔Ws〕は，
  $W = P \times t = RI^2 t$ 〔Ws〕………………… (11)　　となります。
  電力量＝抵抗 ×（電流）² × 消費時間〔Ws〕
- 前ページの(7)式に上記(9)式を代入すると，電力 P は，
  電力 $P = VI = V \times \dfrac{V}{R} = \dfrac{V^2}{R}$ 〔Ws〕………… (12) 〔電力を電圧と抵抗で表現した式〕
- 電力 P 〔W〕を抵抗 R 〔Ω〕で，t 秒〔s〕間消費したとすれば，電力量 W 〔Ws〕は，
  $W = P \times t = \dfrac{V^2}{R}t$ 〔Ws〕………………… (13)　　となります。
  電力量＝$\dfrac{(電圧)^2}{抵抗}$ × 消費時間〔Ws〕

3. 直流回路の電力・電力量

Q18 内部抵抗をもつ電源の端子電圧はどう求めるのか

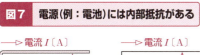

図7 電源(例：電池)には内部抵抗がある

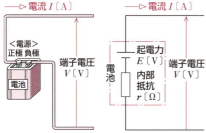

端子電圧＝起電力－(内部抵抗×電流)
$V = E - Ir$ 〔V〕
E：電池の起電力　r：電池の内部抵抗

図8 電源の内部抵抗と抵抗の消費電力

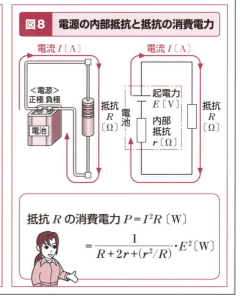

抵抗 R の消費電力 $P = I^2 R$ 〔W〕
$$= \frac{1}{R + 2r + (r^2/R)} \cdot E^2 \text{〔W〕}$$

A　電源の端子電圧は起電力から内部電圧降下を引いた値となる

❖ これまでの説明では，電源のもつ起電力が E〔V〕であれば，電源の端子電圧 V は E〔V〕であるとしましたが，実際の電源の端子電圧 V は起電力 E〔V〕より，多少低くなります(図7)．
● 電源の端子電圧 V が起電力 E より低くなるのは，電源の内部に抵抗 r〔Ω〕があり，電流 I が流れることによって電圧降下 rI〔V〕が生ずるからです．**電源の端子電圧＝起電力－(内部抵抗 × 電流)**
● このように，実際の電源には内部抵抗が存在しますが，一般には，内部抵抗をもたない理想的な電源として考えることが多いといえます．

❖ 図8のように，起電力 E〔V〕，内部抵抗 r〔Ω〕の直流電源(例：電池)に抵抗 R〔Ω〕の負荷を接続したときの抵抗 R〔Ω〕が消費する電力 P〔W〕を求めてみましょう．
● この回路全体の合成抵抗 R_0〔Ω〕は，内部抵抗 r〔Ω〕と抵抗 R〔Ω〕の直列接続ですから，
　　$R_0 = R + r$〔Ω〕　………　(14)　です．
　この回路に流れる電流 I〔A〕は，オームの法則により，　$I = \dfrac{E}{R_0}$〔A〕……… (15)
　(15)式に(14)式を代入すると，　$I = \dfrac{E}{R_0} = \dfrac{E}{R + r}$〔A〕　………………… (16)
● 抵抗 R〔Ω〕が消費する電力 P は，前ページの(10)式に上記(16)式を代入すると，
$$P = RI^2 = R\left(\frac{E}{R+r}\right)^2 = \frac{R}{R^2 + 2Rr + r^2} \cdot E^2 = \frac{1}{R + 2r + \dfrac{r^2}{R}} \cdot E^2 \text{〔W〕}$$
となります．

●電気回路の基礎知識

④ 正弦波交流起電力

Q19 磁界中で電線を動かすとなぜ電気が生まれるのか

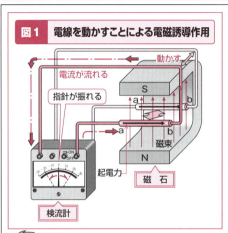

図1 電線を動かすことによる電磁誘導作用

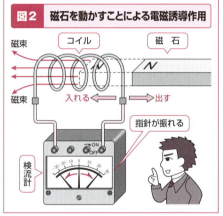

図2 磁石を動かすことによる電磁誘導作用

A 電線・コイルには電磁誘導作用により電気が生まれる

- ❖それでは，電磁誘導作用について実験で確かめてみましょう．
- ❖図1のように，磁石のN極とS極による磁界中に電線を置きます．そして，電線の両端に微小電流が測れる検流計をつなぎます．
- ● そこで，電線を前後に動かすと，電線が磁界中の磁束を切って，電線中に起電力が誘導し，検流計の指針が左右に振れることにより，電流が流れることがわかります．
- ● また，電線を前に動かすときと後に動かすときでは，検流計の指針の振れは逆になります．
- ❖次に図2のように，コイルの両端に検流計をつなぎます．
- ● 磁石をコイルに入れたり出したりすると，コイルを切る磁束が増えたり減ったりしてコイルにつないだ検流計の指針が振れ，コイルに起電力が発生し，電流が流れていることがわかります．
- ● また，コイルに磁石を入れるときと出すときでは，検流計の指針の振れは逆になります．
- ❖このように電線が磁界中の磁束を切ったり，コイルに磁石を出し入れすることにより，電線またはコイルを切る磁束が変化することによって，電線またはコイルに起電力が発生する現象を"**電磁誘導作用**"といいます(正弦波交流起電力を説明するために第2章7項，8項の内容を復習します)．
- ● そして，この発生する起電力を"**誘導起電力**"といい，また，流れる電流を"**誘導電流**"といいます．

4. 正弦波交流起電力

Q20 起電力の方向はどうすればわかるのか

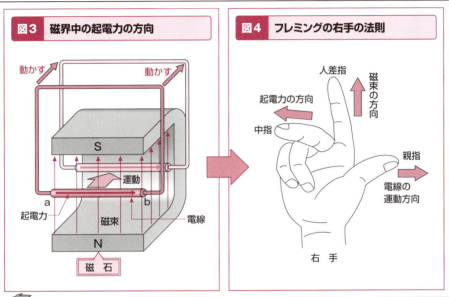

図3 磁界中の起電力の方向

図4 フレミングの右手の法則

A 起電力の方向はフレミングの右手の法則でわかる

- 図3のように，磁石のN極とS極による磁界中で電線が移動して磁束を切ったとき，電線中に誘導される起電力の方向は，"フレミングの右手の法則"により求めることができます．
- **フレミングの右手の法則**とは，磁石のN極とS極との磁界中に電線を置き，右手の人差し指，親指，中指を互いに直角に曲げて，人差し指を磁束（N極からS極）の方向に，親指を電線の運動の方向に向けると，図4のように，電線は磁束を切って，中指の方向に起電力が生ずるということです．
- したがって，図3のように，磁石のN極からS極に向かう磁束の中で，電線を磁石の内側方向に直角に動かすと，フレミングの右手の法則により，電線のaからbの方向に起電力が誘導されます．

フレミングの右手の法則の生い立ち ●参考●

- フレミングは，ジョン・アンブローズ・フレミングといい，1849年生まれのイギリスの電気技術者，物理学者で，電気工学で使われる"フレミングの右手の法則"を考案しました．
- この法則は，フレミングがロンドン大学で教鞭をとっていた際，電磁誘導作用を何度説明しても"磁界とそれによって生ずる起電力の関係"を憶えられない学生がいたため，これをわかりやすく，人の右手の指との関係として表し，イメージしやすい形として教えたといわれています．

●電気回路の基礎知識

Q21 起電力の大きさはどのようにして求めるのか

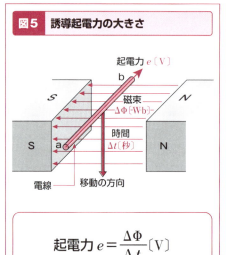

図5 誘導起電力の大きさ

$$起電力\ e = \frac{\Delta \Phi}{\Delta t}\ [V]$$

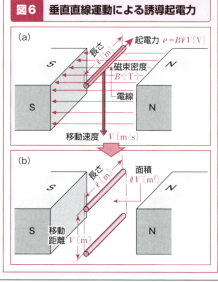

図6 垂直直線運動による誘導起電力

A 起電力の大きさはファラデーの法則により求める

❖ 電磁誘導作用で誘導する起電力の大きさは，"ファラデーの法則"により知ることができます。
● ファラデーの法則とは，"電磁誘導作用によって回路に誘導する起電力は，その回路を貫く磁束の時間に対して変化する割合に比例する"ということです。
● 図5で，電線 ab が Δt 秒間に $\Delta \Phi$ [Wb]（ウェーバ）の磁束を切ったとすれば，ファラデーの法則により，誘導する起電力 e [V] は，磁束の時間に対して変化する割合ですから，

$e = \dfrac{\Delta \Phi}{\Delta t}$ [V] ……（1）　　です。つまり，"運動する1本の導体が1秒間に1 [Wb] の磁束を切れば，1 [V] の起電力を誘導する"ということです。

❖ 図6（a）において，長さ ℓ [m] の電線が，磁束密度 B [T]（1テスラ：1 m² 当たりの磁束が1 [Wb] である）の磁界中を磁束に直角方向に V [m/s] の一定速度で直線運動するとき，誘導する起電力 e [V] を求めてみましょう。
● 電線は，1秒間に V [m] 移動しますから，電線が移動した面積は図6（b）のように速度 V と長さ ℓ の積，つまり，ℓV [m²] となります。
● 磁束密度 B [T] とは，磁束が1 [m²] 当たり B [Wb] であることですから，面積 ℓV [m²] では，磁束は $B \times \ell V$ [Wb] となります。
● 1秒間に1 [Wb] の磁束を切れば起電力が1 [V] 誘導するのですから，この場合，1秒間に $B\ell V$ [Wb] の磁束を切ったので，誘導起電力 e [V] は，　　$e = B\ell V$ [V] ……（2）　　となります。

4．正弦波交流起電力

Q22 電線が角度θで直線運動したときの起電力はどうなるのか

図7 角度θで直線運動の誘導起電力

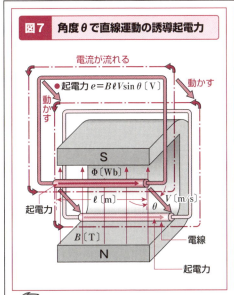

図8 速度 V[m/s]の分解図

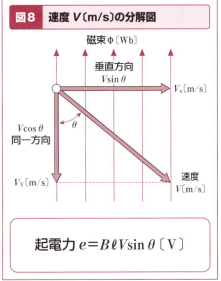

起電力 $e=B\ell V\sin\theta$〔V〕

  起電力は角度θの正弦（sin）に比例する

- 図7のように，長さ ℓ〔m〕の電線が，磁束の方向に対して角度 θ〔rad〕，速度 V〔m/s〕で運動した場合の誘導起電力 e〔V〕の大きさを求めてみましょう．
- 速度 V〔m/s〕は，図8のように，磁束と平行で反対方向の速度 V_Y と，磁束と垂直方向の速度 V_X に分解することができます．
- 速度 V_X と速度 V_Y を三角関数を用いて表すと，次のようになります．
  $V_X = V\sin\theta$〔m/s〕 $V_Y = V\cos\theta$〔m/s〕
- 分解された速度 $V_Y = V\cos\theta$ は，磁束と反対方向で平行ですから磁束を切らず，起電力を誘導しません．
- それに対して，分解された速度 $V_X = V\sin\theta$ は，磁束を直角に切りますので，前ページの（2）式で示す電線の垂直直線運動の場合と同じになります．
- したがって，電線に誘導される起電力 e〔V〕は，次のようになります．
  $e = B\ell V_X = B\ell V\sin\theta$〔V〕 ……（3）
- 起電力 e〔V〕は，角度 θ の正弦（sin）に比例するということです．

● 電気回路の基礎知識

Q23 電線が回転運動したときの起電力はどうなるのか

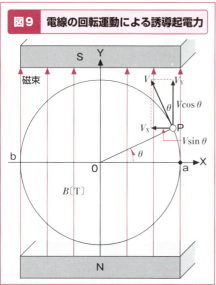

図9 電線の回転運動による誘導起電力

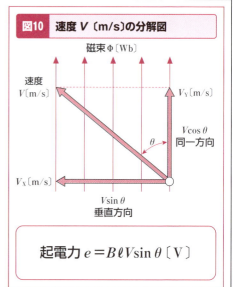

図10 速度 V [m/s] の分解図

起電力 $e = B\ell V \sin\theta$ [V]

A 起電力は電線の回転角度 θ の $\sin\theta$ の値で変化する

- ❖ 平等磁界中を，図9のように，一定速度 V [m/s] で回転運動する電線に誘導する起電力 e [V] の大きさを求めてみましょう．
- 電線が点 a を起点として，反時計方向に角度 θ [rad] で回転し，点Pに達した瞬間での速度 V [m/s] は，図10のように，磁束と同一方向の速度 V_Y と，磁束と垂直方向の速度 V_X に分解することができます．
- 速度 V_X と速度 V_Y を三角関数を用いて表すと，次のようになります．
  $V_X = V\sin\theta$ [m/s]　　　$V_Y = V\cos\theta$ [m/s]
- 分解された $V_Y = V\cos\theta$ は，磁束と同一方向で平行ですから磁束を切らず，起電力は誘導しません．
- それに対して，分解された $V_X = V\sin\theta$ は，磁束を直角に切りますので，Q21 での（2）式で示す垂直直線運動の場合と同じになります．
- したがって，電線に誘導される起電力 e [V] は，次のようになります．
  $e = B\ell V_X = B\ell V\sin\theta$ [m/s] ……（4）
- この式は，前ページの（3）式と形は同じですが，意味が異なるのは，電線が回転して角度 θ [rad] が変わることです．つまり，起電力の瞬時の大きさ e [V] は，$\sin\theta$ の値によって，変化します．

4．正弦波交流起電力

Q24 電線の回転運動による起電力を何というのか

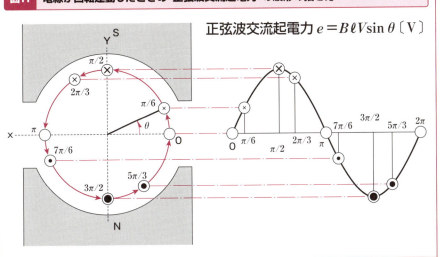

図11 電線が回転運動したときの"正弦波交流起電力"の波形の描き方

正弦波交流起電力 $e = B\ell V \sin\theta \,[V]$

A この起電力を"正弦波交流起電力"という

- 長さ ℓ [m] の電線が，速度 V [m/s] で磁束密度 B [T] の平等磁界中を回転運動したときの瞬時の起電力 e [V] の大きさは，前ページの (4) 式のとおり，$B\ell V \sin\theta$ です。
- このように，瞬時の起電力 e [V] の大きさは，回転角 θ [rad] の三角関数である正弦関数，つまり，sin 関数に従った値で変化するので，この交流起電力 e [V] を，特に"**正弦波交流起電力**"といいます。
- 単位円では，Y軸方向の長さが回転角 θ [rad] の $\sin\theta$ の値になりますので，その値を示したのが右表です。
- そこで，回転角 θ [rad] を横軸に，回転角 θ ごとに下ろした垂線の長さ Y を縦軸にとって座標に移したのが，**図11** です。各点をなめらかな曲線で結ぶと，$\sin\theta$ の波形となり，これが"**正弦波交流起電力の波形**"です。

弧度法・度数法と sin θ の値

弧度法〔rad〕	度数法〔度〕	$\sin\theta$ の値
0	0	0
$\pi/6$	30	$1/2$
$\pi/2$	90	1
$2\pi/3$	120	$\sqrt{3}/2$
π	180	0
$7\pi/6$	210	$-1/2$
$3\pi/2$	270	-1
$5\pi/3$	300	$-\sqrt{3}/2$
2π	360	0

● 電気回路の基礎知識

5 正弦波交流の瞬時値・平均値・実効値

Q25 正弦波交流起電力の瞬時値,最大値,ピークピーク値とはどういうことか

図1 正弦波交流起電力の瞬時値

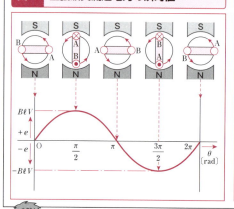

図2 正弦波交流起電力の最大値・ピークピーク値

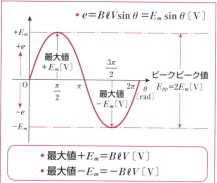

- $e = B\ell V \sin\theta = E_m \sin\theta$ 〔V〕

- 最大値 $+E_m = B\ell V$ 〔V〕
- 最大値 $-E_m = -B\ell V$ 〔V〕

A　正弦波交流起電力では瞬時値の正の最大値から負の最大値までをピークピーク値という

- 長さ ℓ 〔m〕の電線が,速度 V 〔m/s〕で磁束密度 B 〔T〕の平等磁界中を回転運動したときの正弦波交流起電力 e 〔V〕は,$e = B\ell V \sin\theta$ 〔V〕……(1)　です。(Q23参照)
- 起電力 e 〔V〕は,電線の回転とともに回転角 θ 〔rad〕で変わるので,その瞬時の値(図1)を示すことから"**瞬時値**"といい,小文字の"e"で表します。また,電流なら"i"で表します。
- 正弦波交流起電力 e 〔V〕の瞬時値を示す波形で,基準となる 0〔V〕に対して,最も大きな値を"**最大値**"(図2)または"**ピーク値**"といい,大文字の"E_m"で表します。(m:maximum)
- 正弦波交流起電力 $e = B\ell V \sin\theta$ で,$\theta = \pi/2$〔rad〕とすると,$\sin\pi/2 = 1$ ですから,
　　$e = B\ell V \sin\pi/2 = B\ell V$〔V〕……(2)　となります。
- この"$B\ell V$〔V〕"が,正の最大値 E_m で,$E_m = B\ell V$〔V〕となります。同様に,$\theta = 3\pi/2$〔rad〕とすると,$\sin 3\pi/2 = -1$ ですから,$e = -B\ell V$〔V〕となり,この値が負の最大値 $-E_m$ となります。
- また,図2の正弦波単相交流起電力 e のサインカーブで,正の向きの最大値から,負の向きの最大値までを"**ピークピーク値**"といい,"E_{pp}"で表し,最大値の2倍の大きさになります。
- 正弦波交流起電力の瞬時値 e を最大値 E_m を用いて表示すると
　　$e = B\ell V \sin\theta = E_m \sin\theta$〔V〕……(3)　となります。

5．正弦波交流の瞬時値・平均値・実効値

Q26 正弦波交流起電力の周波数は何を表すのか

図3 正弦波交流起電力の周波数 f〔Hz〕と周期 T〔s〕

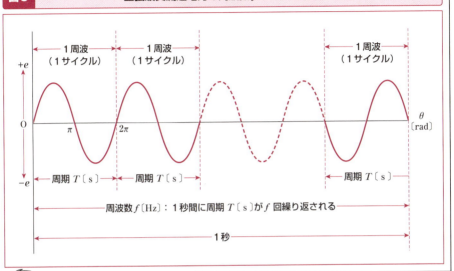

A 正弦波交流の周波数は1秒間に周期が繰り返す回数をいう

- ❖ 長さ ℓ〔m〕の電線を速度 V〔m/s〕で，磁束密度 B〔T〕の平等磁界中で連続的に回転すれば，次々と同じ正弦波の交流起電力を取り出すことができます．
- つまり，正弦波交流起電力の波形が，図3のように周期的に繰り返されることになります．この繰り返しの単位を "**周波**" または "**サイクル**" といいます．
- 正弦波交流起電力の1周波（1サイクル）に要する時間を "**周期**" といい，量記号は "T"，単位は "**秒**〔s〕" を用います．
- 正弦波交流起電力の1周波（1サイクル）は，円周上の1回転（360°＝2π〔rad〕）に相当します．
- ❖ 正弦波交流起電力において，1秒間に起こる交流波形の繰り返される周期の回数を "**周波数**" といいます．周波数の量記号は "f" で，単位は "**ヘルツ**〔Hz〕" を用います．
- ❖ 周波数 f〔Hz〕と周期 T〔s〕には，次のような関係があります．
- 周波数 ＝ $\dfrac{1}{\text{周期}}$〔Hz〕　$f = \dfrac{1}{T}$〔Hz〕　● 周期 ＝ $\dfrac{1}{\text{周波数}}$〔s〕　$T = \dfrac{1}{f}$〔s〕
- たとえば，周波数50〔Hz〕とは，1秒間に波形の周期が50回繰り返されることをいいます．そして，その周期は1/50〔s〕，つまり0.02〔秒〕です．
- また，周波数が60〔Hz〕とは，1秒間に波形の周期が60回繰り返されることで，その周期は1/60〔s〕，つまり約0.017〔秒〕となります．

●電気回路の基礎知識

Q27 正弦波交流起電力の平均値はどう求めるのか

図4 1周期の平均値は正・負面積等しく0となる

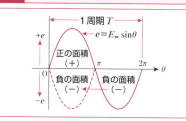

図6 コイルが半回転した時，切る全磁束数

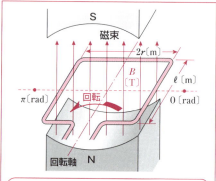

図5 平均値は半周期の平均をいう

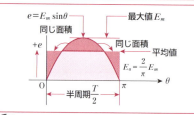

- 全磁束数 $\Phi = 1 \text{[m}^2\text{]}$ 当たりの磁束数 × 面積
  $= B \times 2r\ell \text{[Wb]}$
- 起電力の平均値 $= \dfrac{2}{\pi} \times$ 最大値 $= \dfrac{2}{\pi} E_m \text{[V]}$

A 正弦波交流起電力の平均値は $\dfrac{2}{\pi} \times$ 最大値 で求める

❖ 正弦波交流起電力 e の波形の1周期の平均値は，図4のように正の向きの波形面積と負の向きの波形面積が等しいので，0(ゼロ)になります．そこで，図5のように，半周期の波形の平均値を正弦波交流起電力 e の平均値とし，量記号を"E_a"と大文字を用います(a：average)．

❖ 正弦波交流半周期の起電力の波形は，図6のように，長さ $\ell \text{[m]}$，幅 $2r \text{[m]}$（r：回転半径）のコイルが，磁束密度 $B \text{[T]}$ の平等磁界を速度 $V \text{[m/s]}$ で半回転することで得られます．

- コイルが，半回転する間に切る磁束数は，コイルの面積が $2r\ell \text{[m}^2\text{]}$，そして，1 m² 当たりの磁束数が $B \text{[Wb]}$（磁束密度 $B \text{[T]}$）ですから，全磁束数 $\Phi = 2r\ell \times B = 2r\ell B \text{[Wb]}$ ……（4） です．
- コイルの回転角 θ が，0から $\pi \text{[rad]}$ と半回転する時間 $t \text{[s]}$ は，半円周の長さ $\pi r \text{[m]}$，速度を $V \text{[m/s]}$ とすると，$t = \pi r / V \text{[s]}$ ……（5） です．
- コイルが，半回転する間に誘導する起電力 e の平均値 $E_a \text{[V]}$ は，ファラデーの法則（前項Q21参照）から，$E_a = \Phi / t \text{[V]}$ ……（6） で求められます．
  （6）式に（4）式と（5）式を代入すると，
  $$\text{平均値 } E_a = \frac{\Phi}{t} = \frac{2r\ell B}{\pi r / V} = 2r\ell B \times \frac{V}{\pi r} = \frac{2}{\pi} \cdot B\ell V \text{[V]} \quad \cdots (7)$$
- また，正弦波交流起電力 e の最大値 E_m は，$E_m = B\ell V \text{[V]}$ ですから，これを（7）式に代入すると，正弦波交流起電力の平均値 E_a は，$E_a = \dfrac{2}{\pi} \times B\ell V = \dfrac{2}{\pi} E_m \text{[V]}$ となります．

5．正弦波交流の瞬時値・平均値・実効値

Q28 交流の実効値は平均値とどんな関係があるのか

図7 交流電流 i による電力 P_A

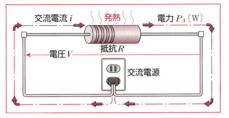

図8 直流電流 I による電力 P_D

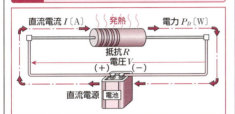

図9 交流電流 $i^2 = (I_m \sin\theta)^2$ の波形

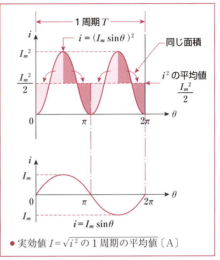

● 実効値 $I = \sqrt{i^2 \text{の１周期の平均値}}$ 〔A〕

A 交流の実効値は瞬時値の２乗の平均値の平方根となる

❖ ある交流の大きさを，その交流と同じ電力を出力する直流の値で表すとき，この直流の値を"**交流の実効値**"といい，実効値の量記号は，起電力"E"，電流"I"と大文字を用います．

❖ 正弦波交流電流 $i = I_m \sin\theta$ 〔A〕を例として，実効値について説明します．

● 図7のように，正弦波交流電流 i 〔A〕を抵抗 R 〔Ω〕に，時間 t 〔s〕の間流したときの電力が，図8の直流電流 I 〔A〕を抵抗 R 〔Ω〕に，時間 t 〔s〕を流したときの電力と等しくなったとき，直流電流 I の大きさを，交流電流 i の実効値といいます．

❖ 図8において，直流電流 I 〔A〕による電力 P_D 〔W〕は，$P_D = I^2 R$ 〔W〕 …… (8)
　また，交流電流 i 〔A〕による電力 P_A 〔W〕は，$P_A = i^2 R$ 〔W〕 …… (9)　です．

● 正弦波交流電流 i 〔A〕は，$i = I_m \sin\theta$ 〔A〕ですから，時間とともに大きさと向きが変化します．
そこで，交流電力 P_A 〔W〕を"i^2 の１周期の平均値"と抵抗 R 〔Ω〕により表すと，
$P_A = (i^2 \text{の１周期の平均値}) \times R$ 〔W〕 …… (10)　となります．
そして，$P_D = P_A$ と仮定したのですから，(8)式と(10)式より，
$I^2 R = (i^2 \text{の１周期の平均値}) \times R$　この式から，$I^2 = (i^2 \text{の１周期の平均値})$
したがって，交流電流 i の実効値 I 〔A〕は，$I = \sqrt{i^2 \text{の１周期の平均値}}$ 〔A〕 …… (11)

● $i = I_m \sin\theta$ の２乗の波形は，図9のように周期的に変化し，負の電流の値も２乗されるので，すべてプラス(＋)になります．

●電気回路の基礎知識

Q29 正弦波交流の実効値はどう求めるのか

図10 $\cos2\theta$ の1周期の平均値は0である

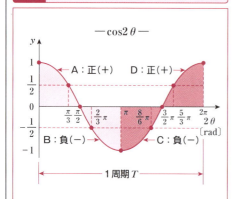

- Aの正(+)の面積=Bの負(−)の面積
- Cの負(−)の面積=Dの正(+)の面積
  $\cos2\theta$ の1周期の平均値=0

図11 弧度法の単位と角速度

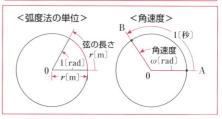

図12 角速度と回転角との関係

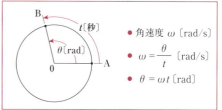

- 角速度 ω 〔rad/s〕
- $\omega = \dfrac{\theta}{t}$ 〔rad/s〕
- $\theta = \omega t$ 〔rad〕

A 正弦波交流の実効値は最大値の$\sqrt{2}$分の1である

❖ それでは，交流電流 i の実効値の値を求めてみましょう．

- まず，交流電流 i の2乗から求めると，$i^2 = (I_m\sin\theta)^2 = I_m^2\sin^2\theta$〔A〕……(12) です．

  三角関数の公式 $\cos2\theta = 1 - 2\sin^2\theta$ から，$\sin^2\theta = \dfrac{1-\cos2\theta}{2}$……(13)

  (12)式に(13)式を代入すると $i^2 = I_m^2\sin^2\theta = I_m^2 \times \dfrac{1-\cos2\theta}{2} = \dfrac{I_m^2}{2} - \dfrac{I_m^2}{2}\cos2\theta$……(14) です．

- $\cos2\theta$ の波形は，**図10**に示すように $\cos2\theta$ の1周期を平均すると，正の波形と負の波形の面積が等しく，平均値は0ですので，$-\dfrac{I_m^2}{2}\cos2\theta = 0$……(15)　(15)式を(14)式に代入すると，

  $i^2 = \dfrac{I_m^2}{2}$　前ページの(11)式より，　実効値 $I = \sqrt{\dfrac{I_m^2}{2}} = \dfrac{I_m}{\sqrt{2}}$……(16)　となります．

❖ 回転角を表す単位の1〔rad〕とは，**図11**のように半径 r の円周上にその半径 r の長さに等しい弧をとり，その弧に対する中心角の大きさをいい，これを"**弧度法**"といいます．
そして，1秒間に進む角度の大きさを"**角速度**"といい，量記号は"ω"，単位は〔rad/s〕です．

- **図12**のように，単位円で点Aから点Bまでの回転角 θ〔rad〕の移動に要する時間が t〔s〕とすると，角速度 ω〔rad/s〕は，$\omega = \theta/t$〔rad/s〕　となり，変形すると，$\theta = \omega t$〔rad〕……(17)
したがって，$i = I_m\sin\theta$ は $i = I_m\sin\omega t$ と，また，$e = E_m\sin\theta$ は $e = E_m\sin\omega t$ と表せます．

142

5. 正弦波交流の瞬時値・平均値・実効値

Q30 交流の位相の進み遅れとはどういうことなのか

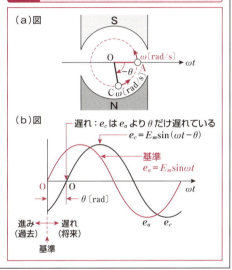

図13 起電力e_bはe_aよりθだけ進んでいる

図14 起電力e_cはe_aよりθだけ遅れている

A 基準とする位相に対して進み，遅れをいう

- 平等磁界中に点Oを中心として，相等しい長さの電線Aと電線Bを図13（a）のように，反時計方向にθ〔rad〕だけ位置をずらして配置します．
- 電線Aと電線Bを同時に角速度ω〔rad/s〕で反時計方向に回転させたときの，各電線の起電力e_a，e_bの瞬時値は，$e_a = E_m \sin \omega t$〔V〕……（18）　　$e_b = E_m \sin(\omega t + \theta)$〔V〕……（19）　です．（18）式の$\omega t$，（19）式の$(\omega t + \theta)$を"**位相**"といいます．
- 同一周波数の二つの交流の位相（位相角）の差を"**位相差**"といいます．位相差は，位相差＝比較したい位相－基準とする位相　で求めます．（18）式と（19）式においてe_aを基準とすると，e_bとの位相差は，位相差＝$(\omega t + \theta) - \omega t = \theta$〔rad〕　となります．
- 起電力e_aとe_bの瞬時値を波形で示したのが，**図13（b）**です．e_bの方がe_aより前の時刻（横軸の左方向が過去となる）において，同じ値を過去の時刻に達しているので，e_bはe_aより進んでいるといいます（位相差が正のときは基準波形に対して進みとなる）．

- 平等磁界中に，電線Aと電線Cを**図14（a）**のように，時計方向にθ〔rad〕ずらして配置したときの，各電線の起電力e_a，e_cの瞬時値は，$e_a = E_m \sin \omega t$〔V〕　　$e_c = E_m \sin(\omega t - \theta)$〔V〕　です．
- e_aを基準とすると，e_cとの位相差は，位相差＝$(\omega t - \theta) - \omega t = -\theta$〔rad〕　となります．起電力$e_a$と$e_c$の瞬時値を波形で示したのが，**図14（b）**です．e_cの方がe_aより後の時刻（横軸の右方向は将来なので遅れとなる）において，同じ値を将来の時刻で達成するので，e_cはe_aより遅れているといいます（位相差が負のとき基準波形に対し遅れ）．

●電気回路の基礎知識

6 交流の抵抗・コイル・コンデンサ回路

Q31 交流の抵抗回路では電流はどう流れるのか

| 図1 交流の抵抗回路の回路図 | 図2 抵抗回路では電圧と電流は同相となる |

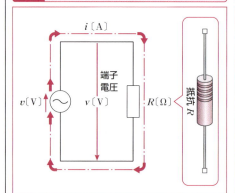

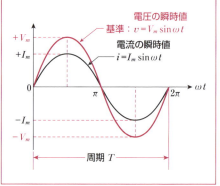

A 抵抗回路では，電流は電圧と位相が変わらず同相で流れる

- 図1のように，抵抗 $R〔Ω〕$ に交流電源の瞬時電圧 $v〔V〕$ を加えると，抵抗回路に瞬時電流 $i〔A〕$ が流れます．
- 抵抗 $R〔Ω〕$ に加える交流電源の瞬時電圧 $v〔V〕$ は，

  $v = V_m \sin\omega t 〔V〕$ …… (1)　　回路に流れる電流の瞬時値 $i〔A〕$ は，オームの法則により，

  $i = \dfrac{v}{R} = \dfrac{V_m \sin\omega t}{R} = \dfrac{V_m}{R} \sin\omega t 〔A〕 = I_m \sin\omega t 〔A〕$ …… (2)

- 抵抗 $R〔Ω〕$ に加える電圧の実効値を V，流れる電流の実効値を I とすると，$I = I_m/\sqrt{2}$
  （Q29(16)式）から，$I_m = \sqrt{2}\,I$　　したがって，瞬時値 i は，$i = I_m \sin\omega t = \sqrt{2}\,I \sin\omega t 〔A〕$ …… (3)
- 電圧の最大値 V_m は，$V_m = I_m R = \sqrt{2}\,I \cdot R$　　$V = IR$ なので，$V_m = \sqrt{2}\,V$ となり，
  また，$V = V_m/\sqrt{2}$ となります．瞬時値 v は，$v = V_m \sin\omega t = \sqrt{2}\,V \sin\omega t 〔V〕$ …… (4)
- 瞬時電圧 $v〔V〕$ を基準とする瞬時電流 $i〔A〕$ の位相差は，ωt（電流）$- \omega t$（電圧）$= 0$（位相差）
  と位相差は0なので，瞬時電圧 $v〔V〕$ と瞬時電流 $i〔A〕$ は，同相になります．
- 瞬時電圧 $v〔V〕$ と瞬時電流 $i〔A〕$ は，図2のように，周期 T が $2\pi〔\mathrm{rad}〕$ で，それぞれの最大値が V_m および I_m とした位相差のない同相の波形となります．

144

6．交流の抵抗・コイル・コンデンサ回路

Q32 コイルに交流電圧を加えると電流はどうなるのか

図3 交流のコイル回路の回路図

図4 コイル回路の電圧$\dot{V}$と電流$\dot{I}$のベクトル図

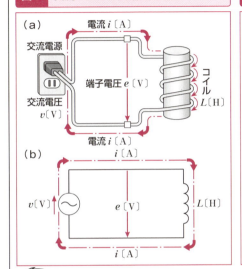

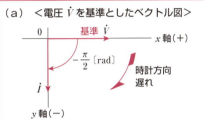

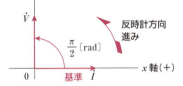

A　コイル回路では，電流は交流電源の電圧より$\pi/2$遅れる

- ❖図3のように，自己インダクタンスL〔H〕のコイルに，交流電源の瞬時電圧v〔V〕を加えると，自己誘導作用（第2章Q46参照）により，コイルに起電力e〔V〕が誘導されます。
- ● 誘導される起電力e〔V〕は，レンツの法則により，交流電源の瞬時電圧v〔V〕とは，大きさが等しく，方向反対の起電力（逆起電力）で，交流電源の瞬時電圧v〔V〕とつり合うように働きます。
- ● 交流電源の瞬時電圧v〔V〕を加えると，コイル（自己インダクタンス）に流れる瞬時電流i〔A〕は，交流電源の瞬時電圧v〔V〕より，位相が$\pi/2$〔rad〕遅れます（遅れる理由説明：次ページ参照）。
- ❖コイル（自己インダクタンス）に加える電圧のベクトルを$\dot{V}$，流れる電流のベクトルを$\dot{I}$とし，電圧$\dot{V}$を基準ベクトルとしたベクトル図が，図4（a）です。
- ● ベクトル図は，x軸（＋）上に基準ベクトルである電圧$\dot{V}$をとり，電流$\dot{I}$は，位相が$\pi/2$〔rad〕遅れているので，時計方向を遅れとして$\pi/2$〔rad〕回転した垂直方向y軸（－）上に描きます。
- ❖電流ベクトル$\dot{I}$を基準ベクトルにした場合のベクトル図は，電圧$\dot{V}$の位相が電流$\dot{I}$より$\pi/2$〔rad〕進んでいるので，図4（b）のように水平方向x軸（＋）上に基準ベクトルである電流$\dot{I}$をとり，電圧$\dot{V}$は反時計方向を進みとして$\pi/2$〔rad〕回転した垂直方向y軸（＋）上に描きます。
- ❖コイル（自己インダクタンス）Lに，角速度ω〔rad/s〕の交流の瞬時電圧v〔V〕を加えると，自己インダクタンスLは，ωL〔Ω〕の働きをして，電流の流れを妨げます。
- ● このωLを"誘導性リアクタンス"といい，X_Lで表し，単位は〔Ω〕を用います。そして，交流のコイル回路において，電圧V，電流I，誘導性リアクタンスX_Lにはオームの法則が成り立ちます。

145

● 電気回路の基礎知識

Q33 なぜ，コイル回路の電流は電圧より $\pi/2$ 遅れるのか

図5 コイル回路の電流 i を基準にした電圧 v と逆起電力 e の波形図

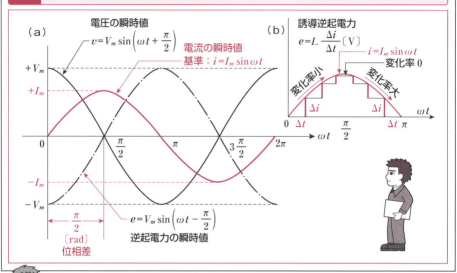

A $\pi/2$ 遅れるのは交流電源の瞬時電圧がコイルの自己誘導作用による逆起電力につり合うことによる

❖ 交流電源の瞬時電圧 v〔V〕をコイルに加えると，流れる瞬時電流 i〔A〕が瞬時電圧 v〔V〕より，位相が $\pi/2$〔rad〕遅れるのは，次のとおりです．
● コイルの自己誘導作用によって，誘導される逆起電力 e〔V〕は，ファラデーの法則（Q21 参照）により，コイルを貫く磁束の時間に対する変化の割合に比例します．
● コイルを貫く磁束は，流れる電流に比例しますので，誘導される逆起電力 e〔V〕は，流れる電流の時間に対する変化の割合が大きいほど，大きいことになります．
❖ コイルに流れる瞬時電流 i を基準にして，電源の瞬時電圧 v と，コイルに誘導される逆起電力 e の波形を示したのが，図5（a）です．
❖ 図5（b）に示すように，瞬時電流 i が 0〔rad〕のときが，時間に対する電流の変化率が最も大きいので，誘導される逆起電力 e は最大となります．
● 瞬時電流 i が正の方向に増加するに従って電流の変化率は小さくなり逆起電力 e も小さくなります．
● 瞬時電流 i は，$\pi/2$〔rad〕で最大ですが，電流の変化率は 0 ですので逆起電力 e も 0 になります．
● 瞬時電流 i は，$\pi/2$〔rad〕から減少するに従って，電流の変化率は大きくなりますので，逆起電力 e は π〔rad〕で最大となります．
● 逆起電力 e は，レンツの法則により瞬時電圧 v と大きさが等しく，方向は反対に生じます．
❖ 図5（a）において瞬時電圧 v は 0〔rad〕で最大値になっており，瞬時電流 i は横軸右側（将来）の $\pi/2$〔rad〕で最大値になっているので，瞬時電流 i は瞬時電圧 v より $\pi/2$〔rad〕遅れています．

6．交流の抵抗・コイル・コンデンサ回路

Q34 コンデンサに交流電圧を加えると電流はどうなるのか

| 図6 交流のコンデンサ回路の回路図 | 図7 コンデンサ回路の電圧$\dot{V}$と電流$\dot{I}$のベクトル図 |

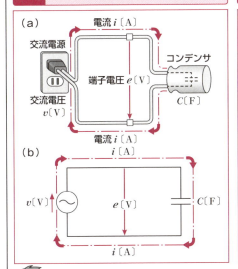

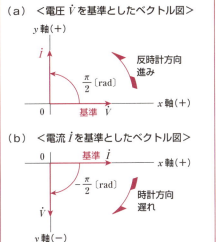

A コンデンサ回路では，電流は交流電源の電圧より$\pi/2$進む

- 図6のように静電容量C〔F〕のコンデンサに交流電源の瞬時電圧v〔V〕を加えると，コンデンサの端子電圧eは電源電圧vと方向反対で大きさが等しく変化しそれによりコンデンサが充放電を繰り返し流れる電流i〔A〕は電源電圧vより位相が$\pi/2$〔rad〕進みます(理由説明：次ページ参照)．
- コンデンサ(静電容量)Cに加える電圧のベクトルを$\dot{V}$，流れる電流のベクトルを$\dot{I}$とし，電圧$\dot{V}$を基準ベクトルとしたベクトル図が，図7(a)です．基準ベクトルは，x軸(+)上に描きます．
  - ベクトル図は，x軸(+)に基準ベクトルである電圧$\dot{V}$をとり，電流$\dot{I}$は，位相が$\pi/2$〔rad〕進んでいるので，反時計方向を進みとして$\pi/2$〔rad〕回転して，垂直方向y軸(+)上に描きます．
  電圧v基準：$v=V_m\sin\omega t$〔V〕　$i=I_m\sin(\omega t+\pi/2)$〔A〕
- 電流ベクトル$\dot{I}$を基準ベクトルにした場合のベクトル図は，図7(b)のように，水平方向x軸(+)に基準ベクトルである電流$\dot{I}$をとり，電圧$\dot{V}$は，電流$\dot{I}$より$\pi/2$〔rad〕遅れているので，時計方向を遅れとして，$\pi/2$〔rad〕回転した垂直方向y軸(−)上に描きます．
  電流i基準：$i=I_m\sin\omega t$〔V〕　$v=V_m\sin(\omega t-\pi/2)$〔V〕
- コンデンサ(静電容量)Cに，角速度ω〔rad/s〕の交流の瞬時電圧v〔V〕を加えると，静電容量Cは，$1/\omega C$〔Ω〕の働きをして，電流の流れを妨げます．
  - この$1/\omega C$を"**容量性リアクタンス**"といい，X_cで表し，単位は〔Ω〕を用います．
  そして，交流のコンデンサ回路において，電圧V，電流I，容量性リアクタンス$X_c(1/\omega C)$にはオームの法則が成り立ちます．

Q35 なぜ，コンデンサ回路の電流は電圧より $\pi/2$ 進むのか

図8 コンデンサ回路の電源電圧 v を基準にした電流 i と端子電圧 e の波形図

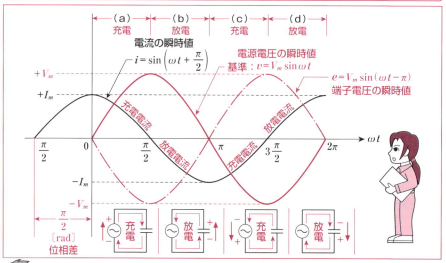

A $\pi/2$ 進むのは交流電圧印加によるコンデンサの充放電現象による

- 交流電源の瞬時電圧 v〔V〕をコンデンサに加えたとき，流れる電流 i〔A〕が瞬時電圧 v〔V〕より，位相が $\pi/2$〔rad〕進むのは，次のとおりです．
- 電源電圧 v を基準にして，電流 i とコンデンサの端子電圧 e の波形を示したのが図8です．
- 電源電圧 v を0から正の方向に増加すると，コンデンサに充電電流 i が流れ，端子電圧 e が電源電圧 v と逆方向で大きさが等しくなったとき（$\pi/2$〔rad〕），充電電流 i は0になります（図8(a)）．
- 電源電圧 v が正の方向に減少すると，すでに充電されているコンデンサの端子電圧 e の方が電源電圧 v の瞬時値より大きいので，コンデンサは放電を始め電源電圧 v の瞬時値が0のとき（π〔rad〕），コンデンサから最大の電荷が移動して，電荷がなくなり放電は終わります（図8(b)）．
- 電源電圧 v の方向が逆になり負の方向に増加すると，コンデンサも逆方向に充電電流 i が流れ，電源電圧 v の瞬時値が最大値のとき（$3\pi/2$〔rad〕），端子電圧 e が電源電圧 v と逆方向で大きさが等しくなり，コンデンサに最大の電荷が蓄えられて，充電電流 i は0になります．（図8(c)）．
- 電源電圧 v が負の方向に減少すると，コンデンサは放電し，電源電圧 v の瞬時値が0のとき（2π〔rad〕），コンデンサから最大の電荷が移動して，放電電流 i は最大になります（図8(d)）．
- 充放電するコンデンサの端子電圧 e は，電源電圧 v と大きさが等しく方向が反対で変化し，常に電源電圧 v とつり合っています．
- 図8において，電源電圧 v が0〔rad〕で0になる以前に，電流 i は横軸左側（過去）の $\pi/2$〔rad〕で0になっているので，電流 i は電源電圧 v より，位相が $\pi/2$〔rad〕進んでいるといえます．

6．交流の抵抗・コイル・コンデンサ回路

Q36 電圧・電流はどのように複素数表示するのか

図9 複素数の直交座標表示

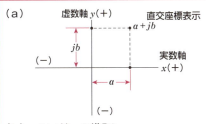

(a) 直交座標表示

(b) <+jはπ/2進み>

(c) <−jはπ/2遅れ>

図10 電圧・電流の複素数表示

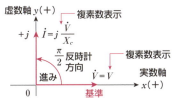

(a) <電圧$\dot{V}$基準の電流$\dot{I}$複素数表示>

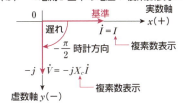

(b) <電流$\dot{I}$基準の電圧$\dot{V}$複素数表示>

  電圧基準 $\dot{V}=V$　$\dot{I}=j\dot{V}/X_c$　電流基準 $\dot{I}=I$　$\dot{V}=-jX_c\dot{I}$

❖ まず，複素数について説明しましょう．
- 数学で取り扱う数には，実数と虚数があります．虚数とは$\sqrt{-1}$を単位とした数のことで，iという記号で表しますが，電気回路ではiの記号は電流を表すので，jという記号を用います．
- a，bを正の実数としたとき，複素数は"$a+jb$"で表され，aを実数部，bを虚数部といいます．これを複素数の直交座標で表示したのが**図9**（a）です．

❖ jのみを複素数で表すと，$Z=0+jX$（+1）となり，**図9**（b）のように，実数1を複素数平面上に表すと，（+）実数軸に位置し，$+j$は実数1を（+）の虚数軸上へπ/2〔rad〕だけ回転した位置にあります．そこで，$+j$は+1を反時計方向に回転させたことになり，"π/2〔rad〕だけ進み"を意味します．
- また，$Z=0-jX$（+1）は，実数1をπ/2〔rad〕時計方向に回転させたことになり，"π/2〔rad〕だけ遅れ"を意味します（**図9**（c））．

❖ コンデンサ回路では，電圧ベクトル$\dot{V}$を基準にすると，電流ベクトル$\dot{I}$は位相がπ/2〔rad〕進んでいるので，複素数平面上で示すと，**図10**（a）のようにπ/2〔rad〕進んだjで表せます．
- 電流ベクトル$\dot{I}$は，実数部がなく虚数部だけなので，複素数で表すと，オームの法則により，
$\dot{I}=j\dot{V}/X_c$〔A〕　となり，電圧ベクトル$\dot{V}$は実数部だけなので，$\dot{V}=V$〔V〕　となります．
- 電流ベクトル$\dot{I}$を基準にすると，電圧ベクトル$\dot{V}$は**図10**（b）のようにπ/2〔rad〕遅れた$-j$で表され，オームの法則により，$\dot{V}=-jX_c\dot{I}$〔V〕　$\dot{I}=I$〔A〕　となります．

149

●電気回路の基礎知識

7 交流の組み合わせ回路

Q37 RL 直列回路の各端子電圧と全電圧の関係はどうなるのか

図1 RL 直列回路の配線図

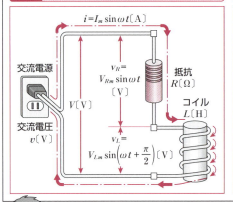

図2 RL 直列回路の回路図

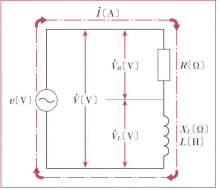

A RとLの各端子電圧の和が全電圧になる

❖図1のように，抵抗 R〔Ω〕と自己インピーダンス L〔H〕のコイルを直列に接続した"RL 直列回路"について説明します．

● 図1では，抵抗 R とコイル L が直列に接続されているので，交流電圧 v を加えると，流れる電流 i はともに同じになります．その流れる瞬時電流 i は $i = I_m \sin\omega t$〔A〕 とすると，抵抗 R の端子電圧 v_R は，電流 i と同相ですので，$v_R = V_{Rm}\sin\omega t$〔V〕 また，コイル L の端子電圧 v_L は，電流 i より $\pi/2$〔rad〕進んでいるので，$v_L = V_{Lm}\sin(\omega t + \pi/2)$〔V〕 です．

❖図2で，抵抗 R の端子電圧のベクトルを $\dot{V}_R$，コイル L の端子電圧のベクトルを $\dot{V}_L$ とすると，
$\dot{V}_R = R\dot{I}$〔V〕……（1）　大きさは，$V_R = RI$〔V〕
$\dot{V}_L = X_L\dot{I}$〔V〕……（2）　大きさは，$V_L = X_L I = \omega L I$〔V〕

● RL 直列回路の全電圧 $\dot{V}$ は，直列接続ですから，抵抗 R とコイル L の各端子電圧の和となります．
$\dot{V} = \dot{V}_R + \dot{V}_L$〔V〕……（3）
（3）式に（1），（2）式を代入すると，
$\dot{V} = \dot{V}_R + \dot{V}_L = R\dot{I} + X_L\dot{I} = (R + X_L)\dot{I}$〔V〕……（4）　になります．

Q38 RL 直列回路の合成インピーダンスはどう求めるのか

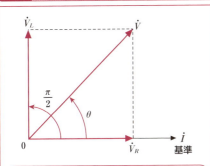

図3 RL 直列回路のベクトル図

- $\dot{V}_R = R\dot{I}$ 〔V〕
- $\dot{V}_L = X_L\dot{I} = \omega L\dot{I}$ 〔V〕
- $\dot{V} = \dot{V}_R + \dot{V}_L$ 〔V〕

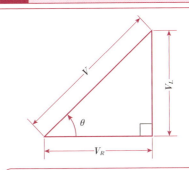

図4 RL 直列回路の全電圧の大きさ

- 三平方(ピタゴラス)の定理

  (斜辺)² = (底辺)² + (高さ)²

- $V^2 = V_R{}^2 + V_L{}^2$

A RL 直列回路の合成インピーダンスは $\sqrt{R^2 + X_L{}^2}$ で求める

- 抵抗 R〔Ω〕と自己インダクタンス L〔H〕のコイルの直列回路では，回路に流れる電流 $\dot{I}$ が同じですので，電流ベクトル $\dot{I}$ を基準にして，抵抗 R とコイル L の端子電圧 $\dot{V}_R$ と $\dot{V}_L$ をベクトル図に表すと，**図3** のようになります．直列回路では，電流 $\dot{I}$ が同じですので，電流 $\dot{I}$ を基準とします．
- 抵抗 R の端子電圧 $\dot{V}_R$ は，電流 $\dot{I}$ と同相で，コイル L の端子電圧 $\dot{V}_L$ は，電流 $\dot{I}$ より位相が $\pi/2$〔rad〕進みます．回路全体の電圧 $\dot{V}$ は，電流 $\dot{I}$ より位相が θ〔rad〕進みます．
- **図3** のベクトル図で，$\dot{V}_R$，$\dot{V}_L$，$\dot{V}$ は直角三角形ですから，三平方(ピタゴラス)の定理を用いると，**図4** のように回路の全電圧 $\dot{V}$ の大きさ V(実効値)は，
$$V = \sqrt{V_R{}^2 + V_L{}^2} = \sqrt{(RI)^2 + (X_L I)^2} = \sqrt{R^2 I^2 + X_L{}^2 I^2} = I\sqrt{R^2 + X_L{}^2}\ \text{〔V〕} \cdots\cdots(5)$$
です．したがって，回路に流れる電流 $\dot{I}$ の大きさ I(実効値)は，
$$I = \frac{V}{\sqrt{R^2 + X_L{}^2}}\ \text{〔A〕} \quad \text{また，}X_L = \omega L \text{ ですから，} I = \frac{V}{\sqrt{R^2 + (\omega L)^2}}\ \text{〔A〕} \cdots\cdots(6)$$
(6)式を変形して，$Z = V/I = \sqrt{R^2 + X_L{}^2}$〔Ω〕 そして，$X_L = \omega L$ を代入すると，
$$Z = \sqrt{R^2 + (\omega L)^2} \cdots\cdots(7)$$
となり，この Z を RL 直列回路の"**合成インピーダンス**"といい，単位は〔Ω〕を用います．**図3** のベクトル図から，電流 $\dot{I}$ の基準に対する電圧 $\dot{V}$ の位相差 θ〔rad〕を RL 直列回路の"**インピーダンス角**"といいます．$\theta = \tan^{-1} V_L/V_R = \tan^{-1} X_L/R$〔rad〕
- 合成インピーダンス Z を用いると，(5)式から，$V = IZ$〔V〕
また，$I = V/Z$〔A〕 となり，オームの法則が成り立ちます．

●電気回路の基礎知識

Q39 RC 直列回路の各端子電圧と全電圧の関係はどうなるのか

図5 RC 直列回路の配線図

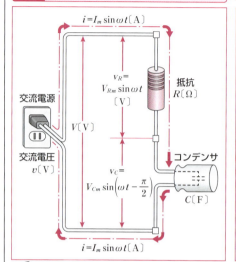

図6 RC 直列回路の回路図

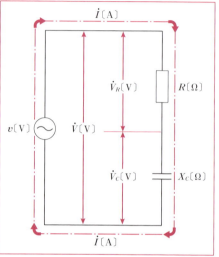

A R と C の各端子電圧の和が全電圧になる

❖ 図5のように，抵抗 R〔Ω〕と静電容量 C〔F〕のコンデンサを直列に接続した"RC 直列回路"について説明します．

● 図5では，抵抗 R とコンデンサ C が直列に接続されているので，交流電圧 v を加えると，流れる電流 i はともに同じになります．

その流れる瞬時電流 i を $i = I_m \sin\omega t$〔A〕 とすると，

抵抗 R の端子電圧 v_R は，電流 i と同相ですので，$v_R = V_{Rm} \sin\omega t$〔V〕 です．

コンデンサ C の端子電圧 v_C は，電流 i より $\pi/2$〔rad〕遅れているので，

$v_C = V_{Cm} \sin(\omega t - \pi/2)$ です．

❖ 図6で，抵抗 R の端子電圧のベクトルを $\dot{V}_R$，コンデンサ C の端子電圧のベクトルを $\dot{V}_C$ とすると，

$\dot{V}_R = R\dot{I}$〔V〕 ……（8） 大きさは，$V_R = RI$〔V〕

$\dot{V}_C = X_C \dot{I}$〔V〕 ……（9） 大きさは，$V_C = X_C I = \dfrac{1}{\omega C} I$〔V〕

❖ RC 直列回路の全電圧 $\dot{V}$ は，直列接続ですから抵抗 R とコンデンサ C の各端子電圧の和となります．

$\dot{V} = \dot{V}_R + \dot{V}_C$ ……（10）

（10）式に（8），（9）式を代入すると，

$\dot{V} = \dot{V}_R + \dot{V}_C = R\dot{I} + X_C \dot{I} = (R + X_C)\dot{I}$〔V〕 になります．

7. 交流の組み合わせ回路

Q40 RC 直列回路の合成インピーダンスはどう求めるのか

図7 RC 直列回路のベクトル図

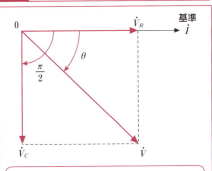

- $\dot{V}_R = R\dot{I}$ 〔V〕
- $\dot{V}_C = X_C \dot{I} = \dfrac{1}{\omega C}\dot{I}$ 〔V〕
- $\dot{V} = \dot{V}_R + \dot{V}_C$ 〔V〕

図8 RC 直列回路の全電圧の大きさ

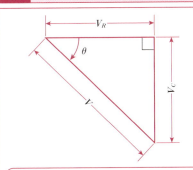

- 三平方(ピタゴラス)の定理

 (斜辺)² = (底辺)² + (高さ)²

- $V^2 = V_R^2 + V_C^2$

A RC 直列回路の合成インピーダンスは $\sqrt{R^2 + X_C^2}$ で求める

- ❖抵抗 R 〔Ω〕と静電容量 C 〔F〕のコンデンサの直列回路では,回路に流れる電流 $\dot{I}$ が同じですので,電流ベクトル $\dot{I}$ を基準にして,抵抗 R とコンデンサ C の端子電圧 $\dot{V}_R$ と $\dot{V}_C$ をベクトル図に表すと,図7のようになります.直列回路では,電流 $\dot{I}$ が同じですので,電流 $\dot{I}$ を基準にします.
- 抵抗 R の端子電圧 $\dot{V}_R$ は,電流 $\dot{I}$ と同相で,コンデンサ C の端子電圧 $\dot{V}_C$ は,電流 $\dot{I}$ より位相が $\pi/2$ 〔rad〕遅れています.回路全体の電圧 $\dot{V}$ は,電流 $\dot{I}$ より位相が θ 〔rad〕だけ遅れます.
- ❖図7のベクトル図で,$\dot{V}_R$,$\dot{V}_C$,$\dot{V}$ は直角三角形ですから,三平方(ピタゴラス)の定理を用いると,図8のように回路の全電圧 $\dot{V}$ の大きさ V(実効値)は,

$V = \sqrt{R^2 + V_C^2} = \sqrt{(RI)^2 + (X_C I)^2} = \sqrt{R^2 I^2 + X_C^2 I^2} = I\sqrt{R^2 + X_C^2}$ 〔V〕 …… (11) です.

したがって,回路に流れる電流 $\dot{I}$ の大きさ I(実効値)は,

$I = \dfrac{V}{\sqrt{R^2 + X_C^2}}$ 〔A〕 また,$X_C = \dfrac{1}{\omega C}$ ですから,$I = \dfrac{V}{\sqrt{R^2 + (1/\omega C)^2}}$ 〔A〕 …… (12)

(12)式を変形して,$Z = V/I = \sqrt{R^2 + X_C^2}$ 〔Ω〕 そして,$X_L = 1/\omega C$ を代入すると,

$Z = \sqrt{R^2 + (1/\omega C)^2}$ …… (13) となり,この Z を RC 直列回路の"**合成インピーダンス**"といい,単位は〔Ω〕を用います.図7のベクトル図から,電流 $\dot{I}$ の基準に対する電圧 $\dot{V}$ の位相差 θ 〔rad〕を RC 直列回路の"**インピーダンス角**"といいます.$\theta = \tan^{-1} - V_C/V_R = \tan^{-1} - X_C/R$ 〔rad〕

- 合成インピーダンス Z を用いると,(11)式から,$V = IZ$ 〔V〕

 また,$I = V/Z$ 〔A〕 となり,オームの法則が成り立ちます.

153

●電気回路の基礎知識

Q41 RLC 直列回路の各端子電圧と全電圧の関係はどうなるのか

図9 RLC 直列回路の配線図

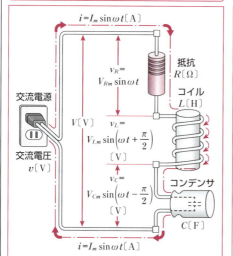

図10 RLC 直列回路の回路図

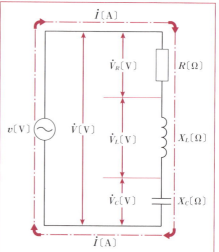

A RとLとCの各端子電圧の和が全電圧になる

❖図9のように，抵抗 R〔Ω〕，インダクタンス L〔H〕のコイルおよび静電容量 C〔F〕のコンデンサを直列に接続した"**RLC 直列回路**"について説明します．

● 図9では，抵抗 R とコイル L およびコンデンサ C が直列に接続されているので，交流電圧 v を加えると，流れる電流 i はともに同じになります．

その流れる瞬時電流 i を基準にすると，$i = I_m \sin\omega t$〔A〕　です．

抵抗 R の端子電圧 v_R は，電流 i と同相ですので，
　$v_R = V_{Rm} \sin\omega t$〔V〕　となります．
コイル L の端子電圧 v_L は，電流 i より $\pi/2$〔rad〕進んでいるので，
　$v_L = V_{Lm} \sin(\omega t + \pi/2)$〔V〕　となります．
コンデンサ C の端子電圧 v_C は，電流 i より $\pi/2$〔rad〕遅れているので，
　$v_C = V_{Cm} \sin(\omega t - \pi/2)$〔V〕　となります．

❖図10で，抵抗 R の端子電圧のベクトルを $\dot{V}_R$，コイル L の端子電圧のベクトルを $\dot{V}_L$，コンデンサ C の端子電圧のベクトルを $\dot{V}_C$ とすると，
　$\dot{V}_R = R\dot{I}$〔V〕 …… (14)　　$\dot{V}_L = X_L\dot{I}$〔V〕 …… (15)　　$\dot{V}_C = X_C\dot{I}$〔V〕 …… (16)

❖RLC 直列回路の全電圧 $\dot{V}$ は，直列接続ですから各端子電圧の和となります．
　$\dot{V} = \dot{V}_R + \dot{V}_L + \dot{V}_C$ …… (17)　　(17)式に(14)，(15)，(16)式を代入すると，
　$\dot{V} = \dot{V}_R + \dot{V}_L + \dot{V}_C = R\dot{I} + X_L\dot{I} + X_C\dot{I} = (R + X_L + X_C)\dot{I}$〔V〕　となります．

7．交流の組み合わせ回路

Q42 RLC 直列回路の合成インピーダンスはどう求めるのか

図11 $X_L>X_C$ の場合の合成ベクトル図

(a) $\dot{V}_X = \dot{V}_L + \dot{V}_C$
大きさ
$V_X = V_L - V_C$

(b)

図12 $X_C>X_L$ の場合の合成ベクトル図

(a) $\dot{V}_X = \dot{V}_L + \dot{V}_C$
大きさ
$V_X = V_C - V_L$

(b)

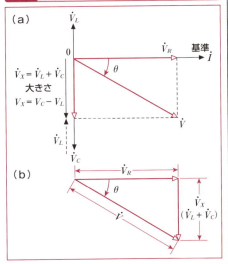

A 合成インピーダンスは $\sqrt{R^2+(X_L-X_C)^2}$ または $\sqrt{R^2+(X_C-X_L)^2}$ で求める

- 抵抗 R〔Ω〕，コイル L〔H〕，コンデンサ C〔F〕の RLC 直列回路では，抵抗 R の端子電圧 $\dot{V}_R$ は，電流 $\dot{I}$ と同相，コイル L の端子電圧 $\dot{V}_L$ は電流 $\dot{I}$ より位相が $\pi/2$〔rad〕の進み，そしてコンデンサ C の端子電圧 $\dot{V}_C$ は電流 $\dot{I}$ より $\pi/2$〔rad〕の遅れですので，$X_L>X_C$ の場合のベクトル図は，図11（a）のようになります．回路全体の電圧 $\dot{V}$ は，電流 $\dot{I}$ より位相が θ〔rad〕進みます．

- $\dot{X}_L$ と $\dot{X}_C$ の合成リアクタンス $\dot{X}$ は，$X=\dot{X}_L+\dot{X}_C$〔Ω〕です．しかし，その大きさは方向が反対で，また $X_L>X_C$ ですから，合成リアクタンス X の大きさは，$X=X_L-X_C$ となり，"**誘導性リアクタンス**"となります．

- 図11（b）の電圧 $\dot{V}_R$，$\dot{V}_X$（$\dot{V}_L+\dot{V}_C$），$\dot{V}$ のベクトル図で，三平方（ピタゴラス）の定理を用いると，回路の全電圧 $\dot{V}$ の大きさ V（実効値）は，
  $V=\sqrt{R^2+(V_L-V_C)^2}=\sqrt{(RI)^2+(X_LI-X_CI)^2}=\sqrt{I^2\{R^2+(X_L-X_C)^2\}}=I\sqrt{R^2+(X_L-X_C)^2}$〔V〕
  となりますので，回路に流れる電流 $\dot{I}$ の大きさ I（実効値）は，$I=V/\sqrt{R^2+(X_L-X_C)^2}$〔A〕
  合成インピーダンス Z の大きさは，$Z=V/I=\sqrt{R^2+(X_L-X_C)^2}$〔Ω〕となります．

- 図12（a）は，$X_C>X_L$ の場合のベクトル図で，合成リアクタンス X の大きさ X は，
  $X=X_C-X_L$ と"**容量性リアクタンス**"となるので，全電圧 $\dot{V}$ は電流 $\dot{I}$ より位相が θ〔rad〕遅れます．
  回路の全電圧 $\dot{V}$ の大きさ V（実効値）は，$V=\sqrt{V_R^2+(X_C-X_L)^2}=I\sqrt{R^2+(X_C-X_L)^2}$〔V〕
  電流 $\dot{I}$ の大きさ I（実効値）は，$I=V/\sqrt{R^2+(X_C-X_L)^2}$〔A〕 です（図12（b））．
  合成インピーダンス Z の大きさは，$Z=V/I=\sqrt{R^2+(X_C-X_L)^2}$〔Ω〕となります．

●電気回路の基礎知識

8 三相交流起電力

Q43 三相交流は単相交流とどう関係しているのか

図1 導体を $2\pi/3$ 〔rad〕間隔で配置 / 各導体の誘導起電力

- e_c は e_a より $\dfrac{4\pi}{3}$ 〔rad〕遅れている

  導体Cの起電力 e_c
  $$e_c = E_m \sin\left(\omega t - \dfrac{4\pi}{3}\right) \text{〔V〕}$$

- 導体Aの起電力 e_a 〔基準〕
  $$e_a = E_m \sin\omega t \text{〔V〕}$$

- 導体Bの起電力 e_b
  $$e_b = E_m \sin\left(\omega t - \dfrac{2\pi}{3}\right) \text{〔V〕}$$

- e_b は e_a より $\dfrac{2\pi}{3}$ 〔rad〕遅れている

A 三相交流は単相交流を三つ組み合せたものをいう

❖ これまで説明してきた交流回路は単相交流といって，一般に，単相交流電源に抵抗，コイル，コンデンサなどの負荷をつないだ回路でした．
　三相交流とは，この単相交流を三つ重ね合わせたものといえます．三相交流の場合は，図1のように，三相交流起電力を発生させるための3組の導体A，B，Cを互いに $2\pi/3$ 〔rad〕，つまり，120°の間隔で，平等磁界中に配置します．
　3組の導体A，B，Cを反時計方向に角速度 ω 〔rad/s〕で回転させると，それぞれの導体に振幅と周波数が等しく，位相が互いに $2\pi/3$ 〔rad〕ずつ異なる三つの交流起電力が生じます．
　このように，3組の単相交流を一つにまとめたものを"**三相交流**"といいます．
　特に，これは大きさが等しく，位相が $2\pi/3$ 〔rad〕ずつあり，対称であることから，"**対称三相交流**"といい，その起電力を"**対称三相交流起電力**"といいます．

8. 三相交流起電力

Q44 導体Aの瞬時起電力はどうなるのか

図2 導体Aを基準にB，Cを配置

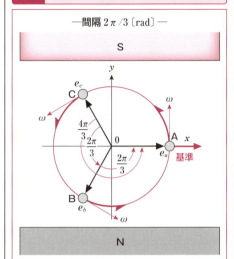

図3 導体Aの瞬時起電力 e_a

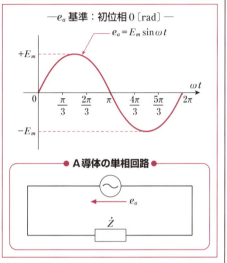

A 導体Aの瞬時起電力は $e_a = E_m \sin\omega t$ 〔V〕となる

❖ 図2のように，N極とS極が上下にある平等磁界中に，3組の導体A，B，Cを $2\pi/3$ 〔rad〕の間隔で導体Aを基準にして配置し，反時計方向に角速度 ω 〔rad/s〕で回転させた場合の導体A，B，Cの起電力を単相交流として，分解してみます．

〔導体Aの起電力 e_a〕

❖ 導体Aが，図2の x 軸を通るときの起電力 e_a は，運動の方向と磁界の方向（N極からS極の方向）が平行となり，磁束を切らないので，0〔V〕であり，S極の中心である y 軸を通るときに磁束を垂直（Q21参照）に切るので，最大の起電力 E_m 〔V〕が誘導されます．
したがって，導体Aを基準として表すと，導体Aに誘導する起電力 e_a 〔V〕の初位相は0なので，その瞬時値は，次のようになります．

　$e_a = E_m \sin\omega t$ 〔V〕 ……（1）

また，導体Aを基準とした場合の瞬時値 e_a 〔V〕の波形は，図3のように，x 軸上の基点0から始まります．
この波形は，単相交流回路における正弦波交流起電力の瞬時波形と同じになります．

157

●電気回路の基礎知識

Q45 導体BとCの瞬時起電力はどうなるのか

図4 導体Bの瞬時起電力 e_b

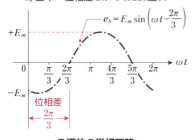

● B導体の単相回路 ●

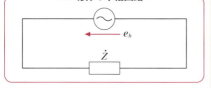

図5 導体Cの瞬時起電力 e_c

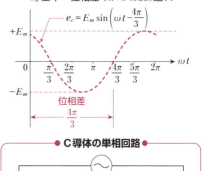

● C導体の単相回路 ●

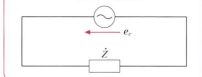

 瞬時起電力は $e_b = E_m \sin\left(\omega t - \dfrac{2\pi}{3}\right)$, $e_c = E_m \sin\left(\omega t - \dfrac{4\pi}{3}\right)$

〔導体Bの起電力 e_b〕

❖ 導体Bは，導体Aが x 軸上にあるとき，$-2\pi/3$〔rad〕，つまり $-120°$ の位置にあるので，さらに反時計方向に $2\pi/3$〔rad〕回転しないと，x 軸上に来ません。
導体Bの起電力 e_b の位相は，導体Aの起電力 e_a の位相より，$2\pi/3$〔rad〕遅れていることになります。したがって，導体Bの起電力 e_b〔V〕の瞬時値は，導体Aの起電力 e_a を基準にすると，位相差が $2\pi/3$〔rad〕遅れですので，次のようになります。

$$e_b = E_m \sin\left(\omega t - \dfrac{2\pi}{3}\right) \text{〔V〕} \quad \cdots\cdots (2)$$

図4に起電力 e_b の波形を示します。

〔導体Cの起電力 e_c〕

❖ 導体Cは，導体Bより $2\pi/3$〔rad〕($120°$)，また，導体Aからは2倍の $4\pi/3$〔rad〕($240°$)遅れているので，さらに反時計方向に $4\pi/3$〔rad〕回転しないと，x 軸上に来ません。導体Cの起電力 e_c の位相は，導体Aの起電力 e_a より，位相が $4\pi/3$〔rad〕遅れていることになります。したがって，導体Cの起電力 e_c の瞬時値は，位相差が $4\pi/3$〔rad〕遅れですので，次のようになります。

$$e_c = E_m \sin\left(\omega t - \dfrac{4\pi}{3}\right) \text{〔V〕} \quad \cdots\cdots (3)$$

図5に起電力 e_c の波形を示します。

8. 三相交流起電力

Q46 三相交流の相電圧とはどういう電圧なのか

図6 起電力 e_a, e_b, e_c を相電圧という ―三相交流起電力―

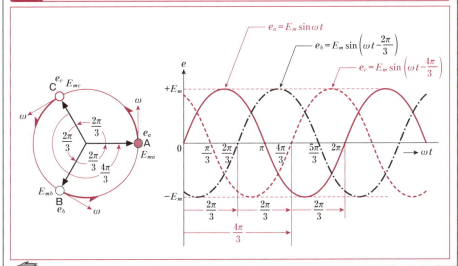

A 相電圧は三相交流で $2\pi/3$〔rad〕異なる導体の起電力をいう

❖ 平等磁界中で，3組の導体A，B，Cを角速度 ω〔rad/s〕で回転するときに生ずる誘導起電力 e_a，e_b，e_c を"**相電圧**"といいます．

このように，三つの相があるので"**三相交流**"といい，その三相交流起電力の波形を示したのが，図6です．

三相とは，異なる相（振幅，周波数，位相）の三つの電源が存在するという意味ですが，通常は位相のみ異なり，振幅と周波数は同じ電源としています．

相は，U相，V相，W相，または，R相，S相，T相，そして，第1相，第2相，第3相と称することもあります．

図6の三相交流起電力の波形を見ると，位相角 ωt〔rad〕の方向に起電力 $e_a \to e_b \to e_c$ の順，すなわち，a→b→cの順に $2\pi/3$〔rad〕ずつ各相の位相が遅れています．

この位相の遅れている順のことを"**相順**"または"**相回転**"といいます．

この場合の相順は a→b→c ということです．

● 電気回路の基礎知識

Q47 対称三相交流起電力の瞬時値の和はどうなるのか

図7 対称三相交流起電力はどの波形の時点でもその和は0となる

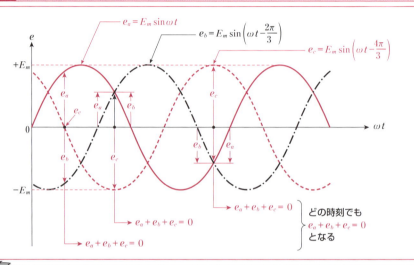

A 対称三相交流起電力の瞬時値の和は0である

❖対称三相交流起電力の瞬時値の和を，次に示す三角関数の加法定理の公式を用いて求めてみます．
加法定理：$\sin(\alpha - \beta) = \sin\alpha\cos\beta - \cos\alpha\sin\beta$
そこで，$\alpha = \omega t$　$\beta = 2\pi/3$　または $\beta = 4\pi/3$ に置き換えてみます．

$$e_a + e_b + e_c = \underbrace{E_m \sin\omega t}_{e_a} + \underbrace{E_m \sin\left(\omega t - \frac{2\pi}{3}\right)}_{e_b} + \underbrace{E_m \sin\left(\omega t - \frac{4\pi}{3}\right)}_{e_c}$$

$$= E_m \left\{ \underbrace{\sin\omega t}_{e_a} + \underbrace{\left(\sin\omega t \cos\frac{2\pi}{3} - \cos\omega t \sin\frac{2\pi}{3}\right)}_{e_b} + \underbrace{\left(\sin\omega t \cos\frac{4\pi}{3} - \cos\omega t \sin\frac{4\pi}{3}\right)}_{e_c} \right\}$$

$\cos\dfrac{2\pi}{3} = -\dfrac{1}{2}$,　$\sin\dfrac{2\pi}{3} = \dfrac{\sqrt{3}}{2}$,　$\cos\dfrac{4\pi}{3} = -\dfrac{1}{2}$,　$\sin\dfrac{4\pi}{3} = -\dfrac{\sqrt{3}}{2}$

を代入すると，

$$E_m \left\{ \sin\omega t + \left(\sin\omega t \cdot -\frac{1}{2}\right) - \left(\cos\omega t \cdot \frac{\sqrt{3}}{2}\right) + \left(\sin\omega t \cdot -\frac{1}{2}\right) - \left(\cos\omega t \cdot -\frac{\sqrt{3}}{2}\right) \right\}$$

$$= E_m \left\{ \sin\omega t - \frac{1}{2}\sin\omega t - \frac{\sqrt{3}}{2}\cos\omega t - \frac{1}{2}\sin\omega t + \frac{\sqrt{3}}{2}\cos\omega t \right\}$$

$$= E_m \{\sin\omega t - \sin\omega t\} = 0　　対称三相交流起電力の和は0となります．$$

160

8. 三相交流起電力

Q48 三相交流起電力のベクトル和はどうなるのか

図8 三相交流起電力のベクトル図

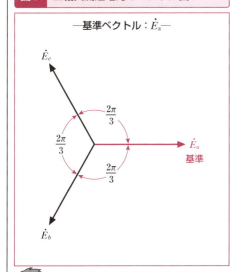

―基準ベクトル：$\dot{E}_a$―

図9 三相交流起電力のベクトル和

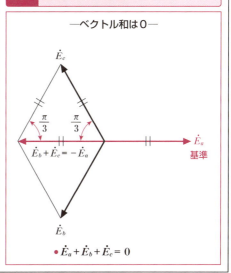

―ベクトル和は0―

・$\dot{E}_a + \dot{E}_b + \dot{E}_c = 0$

A 三相交流起電力のベクトル和は0である

❖ 三相交流各相の起電力のベクトルを $\dot{E}_a$, $\dot{E}_b$, $\dot{E}_c$ とし、その実効値を E_a, E_b, E_c として、最大値を E_m とすると、それぞれの実効値は、

$$E_a = \frac{E_m}{\sqrt{2}}\ [V],\ E_b = \frac{E_m}{\sqrt{2}}\ [V],\ E_c = \frac{E_m}{\sqrt{2}}$$

となります．（Q31参照）

$\dot{E}_a$ を基準ベクトルにして、三相交流起電力 $\dot{E}_a$, $\dot{E}_b$, $\dot{E}_c$ を静止ベクトルで示したのが、**図8**です．
ベクトル図で、$\dot{E}_b$ と $\dot{E}_c$ の合成ベクトル $\dot{E}_b + \dot{E}_c$ は、正三角形の一辺となるので、$\dot{E}_a$ と大きさが等しく方向が反対です．
したがって、起電力 $\dot{E}_a$, $\dot{E}_b$, $\dot{E}_c$ のベクトル和は、**図9**のように0になります．
$\dot{E}_a + \dot{E}_b + \dot{E}_c = 0$
対称三相交流起電力では、起電力の最大値の大きさは、各相とも E_m で等しいですから、**図9**に示すベクトル $\dot{E}_a$, $\dot{E}_b$, $\dot{E}_c$ の大きさは $\dfrac{E_m}{\sqrt{2}}$ と同じ値になります．

このように、対称三相交流起電力の和が0になるということは大変重要な特性で、三相交流回路の取扱いを容易にしています．

● 電気回路の基礎知識

⑨ 三相交流回路のスター結線

Q49 スター結線とはどういう結線なのか

図1 三相交流起電力のスター結線

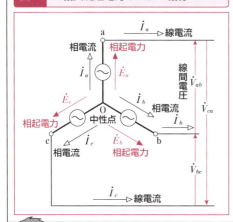

図2 負荷のスター結線

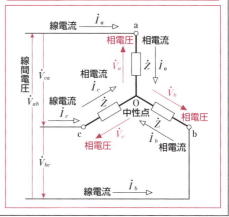

A スター結線は，上図のように星形に接続する

❖ 電源の三つの相の起電力の大きさが等しく，位相が $2\pi/3$ 〔rad〕である三相交流を"**対称三相交流**"といい，そして，負荷の三つのインピーダンスが等しい回路を"**平衡三相交流回路**"といいます．
平衡三相交流回路において，電源としての三相交流起電力に抵抗，コイル，コンデンサなどの負荷を接続する代表的な方法に，**スター結線**と**デルタ結線**があります．
本項では，スター結線について説明し，デルタ結線は次の 10 項で説明します．
電源としての三相交流起電力をスター結線としたのが**図1**で，負荷をスター結線としたのが**図2**です．
両図において，端子 a-O，b-O，c-O を**相**といい，各相の共通点 O を**中性点**といいます．
図1で，相の起電力 $\dot{E}_a$，$\dot{E}_b$，$\dot{E}_c$ を**相起電力**といい，起電力も電圧ですから**相電圧**ともいいます．
また，**図2**で，相の電圧 $\dot{V}_a$，$\dot{V}_b$，$\dot{V}_c$ も相電圧といいます．
両図において，各起電力の相，また負荷の相に流れる電流 $\dot{I}_a$，$\dot{I}_b$，$\dot{I}_c$ を**相電流**といいます．
また，起電力から流れ出ていく電流，負荷に流れ入る電流 $\dot{I}_a$，$\dot{I}_b$，$\dot{I}_c$ を**線電流**といいます．
スター結線では，相電流と線電流がともに $\dot{I}_a$，$\dot{I}_b$，$\dot{I}_c$ と等しくなります．

9. 三相交流回路のスター結線

Q50 スター結線の線間電圧とはどういう電圧なのか

図3 スター結線の相電圧と線間電圧

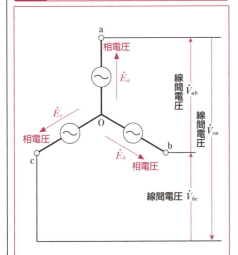

図4 三相交流起電力の直交座標表示

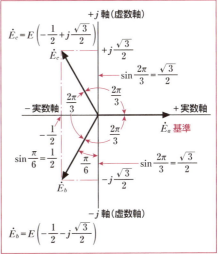

A 線間電圧 $\dot{V}_{ab}$ とは基準 $\dot{E}_b$ に対する $\dot{E}_a$ の電位をいう

❖ 図3において，電源の相電圧 $\dot{E}_a$，$\dot{E}_b$，$\dot{E}_c$ の矢印の向きは，電位の高さを表し，矢印の先の電位が高くなります．また，起電力 $\dot{E}_a$，$\dot{E}_b$，$\dot{E}_c$ は，互いに $2\pi/3$ 〔rad〕の位相差をもっています．
そして，起電力の端子 a−b，端子 b−c，端子 c−a 間の電圧 $\dot{V}_{ab}$，$\dot{V}_{bc}$，$\dot{V}_{ca}$ を**線間電圧**といいます．
電源のa端子とb端子間の線間電圧 $\dot{V}_{ab}$ は，b端子を基準としたa端子の電位です．
$\dot{V}_{ab}$ の添え字 ab は，後の文字 b を基準とした前の文字 a の電位を意味します．

- ab 間の線間電圧　$\dot{V}_{ab} = (\text{aの電位}) − (\text{bの電位}) = \dot{E}_a − \dot{E}_b$〔V〕　　同様にして，
- bc 間の線間電圧　$\dot{V}_{bc} = (\text{bの電位}) − (\text{cの電位}) = \dot{E}_b − \dot{E}_c$〔V〕
- ca 間の線間電圧　$\dot{V}_{ca} = (\text{cの電位}) − (\text{aの電位}) = \dot{E}_c − \dot{E}_a$〔V〕

❖ 対称三相起電力 $\dot{E}_a$，$\dot{E}_b$，$\dot{E}_c$ を直交座標で表してみましょう．**直交座標表示**とは，図4のように直交する2直線（直交座標という）上に，複素数の実数軸と虚数軸（j軸）で表す方式をいいます．
起電力 $\dot{E}_a$ を基準にすると，$\dot{E}_b$ と $\dot{E}_c$ はそれぞれ $2\pi/3$〔rad〕の位相差があり，それを直交座標表示したのが図4です．
起電力 $\dot{E}_a$ は実数軸が E のみ，起電力 $\dot{E}_b$ は実数軸が $-1/2 \cdot E$，虚数軸が $-j\sqrt{3}/2 \cdot E$，起電力 $\dot{E}_c$ は実数軸 $-1/2 \cdot E$，虚数軸 $+j\sqrt{3}/2 \cdot E$ となります．
したがって，直交座標で表示すると，

$$\dot{E}_a = E \text{〔V〕} \qquad \dot{E}_b = E\left(-\frac{1}{2} - j\frac{\sqrt{3}}{2}\right)\text{〔V〕} \qquad \dot{E}_c = E\left(-\frac{1}{2} + j\frac{\sqrt{3}}{2}\right)\text{〔V〕} \qquad \text{となります．}$$

● 電気回路の基礎知識

Q51 スター結線の相電圧と線間電圧はどういう関係にあるのか

図5 $\dot{V}_{ab} = \dot{E}_a - \dot{E}_b$ のベクトル図

図6 相電圧と線間電圧のベクトル図

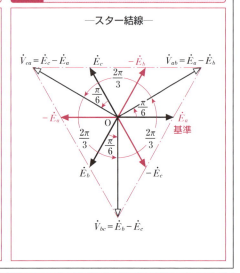

A スター結線では線間電圧は相電圧の $\sqrt{3}$ 倍である

❖ スター結線の線間電圧 $\dot{V}_{ab}$ と相電圧 $\dot{E}_a$, $\dot{E}_b$ の関係をベクトル図に示したのが，**図5(a)** です。
線間電圧 $\dot{V}_{ab}$ は，$\dot{E}_a - \dot{E}_b$ ですから，**図5(a)** のように，ベクトル $\dot{E}_b$ と大きさが等しく方向反対のベクトル $-\dot{E}_b$ を引き，この $-\dot{E}_b$ と $\dot{E}_a$ を平行四辺形法でベクトル合成して求めます。
$\dot{E}_a$ と $-\dot{E}_b$ の位相差は，$\pi/3$ 〔rad〕ですから，$\dot{V}_{ab}$ は $\dot{E}_a$ より，その1/2の $\pi/6$ 〔rad〕の進みとなります。スター結線の線間電圧 $\dot{V}_{ab}$，$\dot{V}_{bc}$，$\dot{V}_{ca}$ を上記方法によりベクトル図にまとめたのが，**図6** です。
線間電圧も対称三相交流電圧で，お互いに $2\pi/3$ 〔rad〕の位相差があります。

❖ **図5(b)** の線間電圧 $\dot{V}_{ab}$ と相電圧 $\dot{E}_a$ と $-\dot{E}_b$ のベクトル図で，三角形 ABO は，辺 $\overline{AO}$ と辺 $\overline{AB}$ が，相電圧 $\dot{E}_a$ と $-\dot{E}_b$ ですから大きさが等しく，二等辺三角形になります。
そこで，頂点 A から底辺 $\overline{BO}$ に垂線 $\overline{AP}$ を引くと，P点は底辺 $\overline{BO}$ を二等分します。
$\overline{BO} = V_{ab}$ で，$\overline{PO} = 1/2 V_{ab}$ ですから，

$$\cos\frac{\pi}{6} = \frac{\overline{PO}}{\overline{AO}} = \frac{1/2 \cdot V_{ab}}{E_a} \qquad V_{ab} = 2E_a \cos\frac{\pi}{6} = 2E_a \times \frac{\sqrt{3}}{2} = \sqrt{3}\,E_a \text{〔V〕}$$

となります。各相電圧の大きさは等しいですから，$E_a = E_b = E_c$ です。
したがって，
　　$V_{bc} = \sqrt{3}\,E_b$ 〔V〕　　$V_{ca} = \sqrt{3}\,E_c$ 〔V〕　　ということです。
一般に，線間電圧と相電圧の大きさは，次のような関係となります。
　　線間電圧 ＝ $\sqrt{3}$ × 相電圧〔V〕

9. 三相交流回路のスター結線

Q52 Y−Y結線による三相4線式はどう配線するのか

図7 独立三相6線式スタースター結線

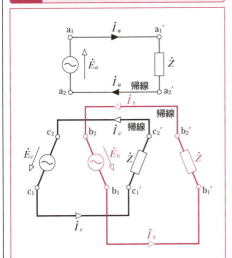

図8 三相4線式スタースター結線

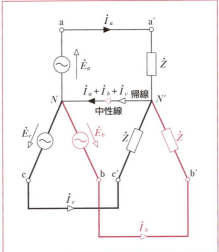

A 三つの単相交流回路を帰線の共有化をして配線する

❖電源と負荷をそれぞれスター(Y)結線で接続した回路を"Y−Y(スタースター)結線"といいます.
図7のように,6本の電線によって,電源と負荷がY結線によって接続され,三相の各相が独立した回路の方式を"**独立三相6線式スタースター結線**"ともいいます.
この方式は,電線本数が多く不経済なため使用されていません.
そこで,3本の電線 a₂−a₂′,b₂−b₂′,c₂−c₂′は,それぞれ相電流 $\dot{I}_a$, $\dot{I}_b$, $\dot{I}_c$ が帰る線ですので,その電流を $N-N'$ と1本の線に流すようにしたのが,図8です.
この接続を"**三相4線式スタースター(Y−Y)結線**"といいます.そして,この $N-N'$ の線を"**中性線**"といいます.
図8の三相4線式スタースター結線では,電流 $\dot{I}_a$ が起電力 $\dot{E}_a$ より端子 a−a′ を通り負荷 $\dot{Z}$,中性線 $N-N'$ を経て流れます.また,電流 $\dot{I}_b$, $\dot{I}_c$ も起電力 $\dot{E}_b$, $\dot{E}_c$ より端子 b−b′,端子 c−c′ を通り負荷 $\dot{Z}$,中性線 $N-N'$ を経て流れます.
したがって,図8の三相4線式スタースター結線は,図7の独立三相6線式スタースター結線と同じ機能をもつことがわかります.
三相4線式のスタースター結線は,同一回路で相電圧と線間電圧の両方の電圧を利用できるのが特徴といえます.

●電気回路の基礎知識

Q53 Y−Y結線による三相3線式はどう配線するのか

図9 Y−Y結線による三相3線式接続図

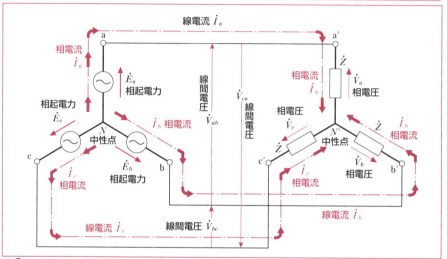

A 三相3線式は三相4線式で中性線を省略する

❖ 前ページの図8で示したスタースター結線による三相4線式において、中性線$N-N'$は、各相電流の帰線として、$\dot{I}_a$、$\dot{I}_b$、$\dot{I}_c$のすべてが流れます。
この中性線に流れる$\dot{I}_a+\dot{I}_b+\dot{I}_c$の合成電流は、それぞれ大きさが等しく互いに$2\pi/3$〔rad〕の位相差がある対称三相交流ですから、下記のように、0〔A〕となります。中性線に電流が流れないので、その中性線を省略したのが、**図9**に示す"**三相3線式スタースター結線**"で、最も多く用いられています。

❖ スター結線の各相に流れる電流の瞬時値の和i_oは、三角関数の加法定理の公式$\sin(\alpha-\beta)=\sin\alpha\cos\beta-\cos\alpha\sin\beta$を用いて求めます。$\alpha=\omega t$、$\beta=2\pi/3$、または$\beta=4\pi/3$とします。

$$i_o=i_a+i_b+i_c=\underbrace{I_m\sin\omega t}_{i_a}+\underbrace{I_m\sin(\omega t-2\pi/3)}_{i_b}+\underbrace{I_m\sin(\omega t-4\pi/3)}_{i_c}$$

$$=\underbrace{I_m\sin\omega t}_{i_a}+\underbrace{(I_m\sin\omega t\cos2\pi/3-I_m\cos\omega t\sin2\pi/3)}_{i_b}+\underbrace{(I_m\sin\omega t\cos4\pi/3-I_m\cos\omega t\sin4\pi/3)}_{i_c}$$

$$=I_m\sin\omega t+I_m\sin\omega t\cdot(-1/2)-I_m\cos\omega t\cdot(\sqrt{3}/2)+I_m\sin\omega t\cdot(-1/2)-I_m\cos\omega t\cdot(-\sqrt{3}/2)$$

$$=I_m\left(\sin\omega t-\frac{1}{2}\sin\omega t-\frac{\sqrt{3}}{2}\cos\omega t-\frac{1}{2}\sin\omega t+\frac{\sqrt{3}}{2}\cos\omega t\right)$$

$$=I_m(\sin\omega t-\sin\omega t)=0$$

（注：$\cos2\pi/3=-1/2$、$\sin2\pi/3=\sqrt{3}/2$、$\cos4\pi/3=-1/2$、$\sin4\pi/3=-\sqrt{3}/2$）

9. 三相交流回路のスター結線

Q54 三相３線式Ｙ－Ｙ結線の電流はどう求めるのか

図10 三相３線式Ｙ－Ｙ結線　　**図11** 三つの単相回路に分解

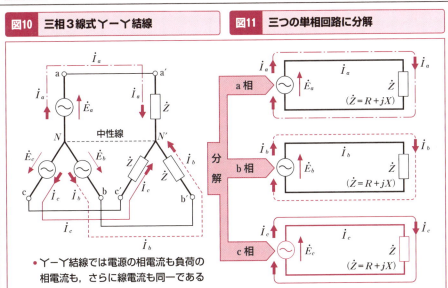

- Ｙ－Ｙ結線では電源の相電流も負荷の相電流も，さらに線電流も同一である

A　Ｙ－Ｙ結線の電流は三つの単相回路に分解して求める

❖図10のような電源も負荷もスター結線とした平衡三相Ｙ－Ｙ結線回路では，電源の相起電力を等しくし，また，負荷の各相のインピーダンス Z も同じにします。

そこで，相起電力は，$\dot{E}_a = \dot{E}_b = \dot{E}_c = \dot{E}_O$〔V〕，線間電圧 $\dot{E}_{ab} = \dot{E}_{bc} = \dot{E}_{ca} = \dot{E}$〔V〕と表すことにします。

平衡三相Ｙ－Ｙ回路では，相電圧と線間電圧との間には，$E = \sqrt{3}\,E_O$〔V〕 または $E_O = E/\sqrt{3}$〔V〕(Q51参照)の関係があります。

図10のＹ－Ｙ結線において，電流を求めるには，電源と負荷の中性点 N，N' を結んで中性線とし，図11のように，三つの単相回路として取り出します。

そこで，a相，b相，c相の相電流は，線電流に等しいので，その大きさ I_a，I_b，I_c は，相起電力をインピーダンス Z で割った値となります。

$$I_a = \frac{E_a}{Z} = \frac{E_O}{Z} \text{〔A〕} \qquad I_b = \frac{E_b}{Z} = \frac{E_O}{Z} \text{〔A〕} \qquad I_c = \frac{E_c}{Z} = \frac{E_O}{Z} \text{〔A〕}$$

また，インピーダンス角 θ は，インピーダンス $\dot{Z}$ を $\dot{Z} = R + jX$ とすれば，

$$\theta = \tan^{-1} X/R$$

したがって，各相の電流 $\dot{I}_a$，$\dot{I}_b$，$\dot{I}_c$ を極座標表示すると，

$\dot{I}_a = E_O/Z \angle -\theta$〔A〕　　$\dot{I}_b = E_O/Z \angle (-\theta - 2\pi/3)$〔A〕

$\dot{I}_c = E_O/Z \angle (-\theta - 4\pi/3)$〔A〕　　となります。

167

●電気回路の基礎知識

10 三相交流回路のデルタ結線

Q55 デルタ結線とはどういう結線なのか

図1 三つの交流起電力の組み合わせ

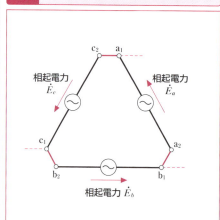

図2 三相交流起電力のデルタ結線

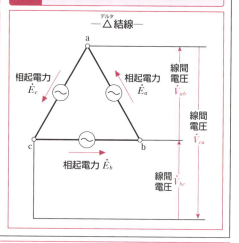

A 三つの単相交流起電力を直列に環にして接続する

❖三相交流回路のデルタ結線について説明します。

図1のような，三つの単相交流起電力において，端子 a_1 と c_2，c_1 と b_2，b_1 と a_2 を順次接続し，三つの起電力 $\dot{E}_a$，$\dot{E}_c$，$\dot{E}_b$ を直列に環にして閉回路とします。

そして，三つの接続点 a_1，b_1，c_1 から起電力を外部に取り出すようにしたのが，図2の"デルタ($\triangle$)結線"です。また，三角形になっていますので，"三角結線"ともいいます。

図1で，各起電力の端子 a_1-a_2，b_1-b_2，c_1-c_2 を"相"といい，相の起電力 $\dot{E}_a$，$\dot{E}_b$，$\dot{E}_c$ を"相起電力"または"相電圧"といいます。

また，各相起電力 $\dot{E}_a$，$\dot{E}_b$，$\dot{E}_c$ は，それぞれの線間電圧 $\dot{V}_{ab}$，$\dot{V}_{bc}$，$\dot{V}_{ca}$ と等しくなります。

図2の相起電力の電位の高低の矢印と，線間電圧の矢印の向きの意味は，たとえば，相起電力 $\dot{E}_a$ の電位は b 点が低く，a 点が高いことを示します。

線間電圧 $\dot{V}_{ab}$ は，b 点を基準にして，a 点から見た電圧で，相起電力 $\dot{E}_a$ と等しくなります。

10. 三相交流回路のデルタ結線

Q56 デルタ結線の線電流はどう求めるのか

図3 負荷のデルタ結線

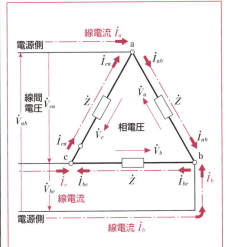

図4 $\dot{I}_a = \dot{I}_{ab} - \dot{I}_{ca}$ のベクトル合成図

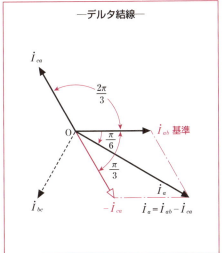

A 線電流はキルヒホッフの第1法則で求める

❖負荷として，三つのインピーダンス $\dot{Z}$ をデルタ結線にした回路が，図3です．
　負荷のデルタ結線でも，線間電圧 $\dot{V}_{ab}$，$\dot{V}_{bc}$，$\dot{V}_{ca}$ は相電圧 $\dot{V}_a$，$\dot{V}_b$，$\dot{V}_c$ と等しくなります．
　それでは，線電流と相電流の関係を調べてみましょう．端子 a，b，c で，キルヒホッフの第1法則（流入電流の和＝流出電流の和）を適用します．
線電流 $\dot{I}_a$，$\dot{I}_b$，$\dot{I}_c$ は，電源から負荷の方向を正とします．

- a 点では，$\dot{I}_a + \dot{I}_{ca} = \dot{I}_{ab}$　　したがって，$\dot{I}_a = \dot{I}_{ab} - \dot{I}_{ca}$ ……（1）
  　　　　　（流入電流）（流出電流）
- b 点では，$\dot{I}_b + \dot{I}_{ab} = \dot{I}_{bc}$　　したがって，$\dot{I}_b = \dot{I}_{bc} - \dot{I}_{ab}$ ……（2）
  　　　　　（流入電流）（流出電流）
- c 点では，$\dot{I}_c + \dot{I}_{bc} = \dot{I}_{ca}$　　したがって，$\dot{I}_c = \dot{I}_{ca} - \dot{I}_{bc}$ ……（3）
  　　　　　（流入電流）（流出電流）

❖デルタ結線の線電流 $\dot{I}_a$ と相電流 $\dot{I}_{ab}$，$\dot{I}_{ca}$ の関係をベクトル図に示したのが，図4です．
　線電流 $\dot{I}_a$ は，$\dot{I}_a = \dot{I}_{ab} - \dot{I}_{ca}$〔A〕　ですから，図4のように，ベクトル $\dot{I}_{ca}$ と大きさが等しく方向が反対のベクトル $-\dot{I}_{ca}$ を引き，この $-\dot{I}_{ca}$ と $\dot{I}_{ab}$ を平行四辺形法でベクトル合成して求めます．
$\dot{I}_{ab}$ と $-\dot{I}_{ca}$ の位相は，π/3〔rad〕ですから，$\dot{I}_a$ は基準の $\dot{I}_{ab}$ より，その1/2の π/6〔rad〕遅れとなります．

169

●電気回路の基礎知識

Q57 デルタ結線の相電流と線電流はどういう関係にあるのか

図5 相電流と線電流のベクトル図

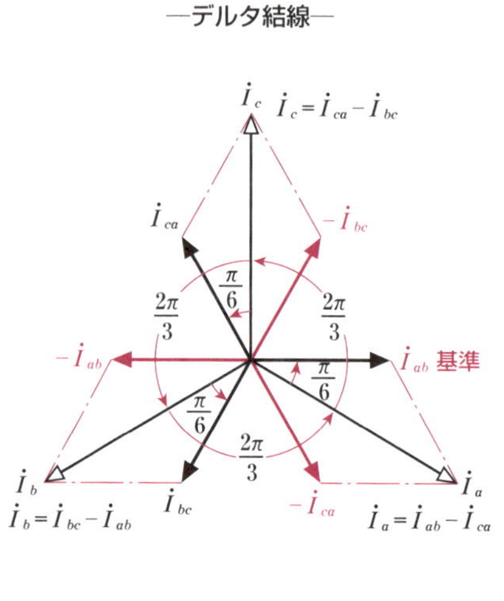

―デルタ結線―

図6 線電流 i_a のベクトル図

―デルタ結線―

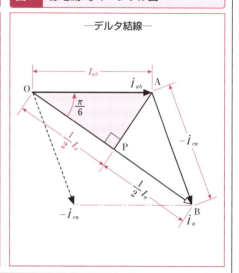

A デルタ結線では線電流は相電流の $\sqrt{3}$ 倍である

❖ デルタ結線の線電流は，$i_a = i_{ab} - i_{ca}$ 〔A〕　$i_b = i_{bc} - i_{ab}$ 〔A〕　$i_c = i_{ca} - i_{bc}$ 〔A〕　ですから，これらを線電流 i_{ab} を基準にして，ベクトル図にまとめたのが，**図5**です．
　線電流 i_a，i_b，i_c は大きさが同じで互いに $2\pi/3$ 〔rad〕の位相差のある対称三相電流です．
　また，線電流 i_a，i_b，i_c は相電流 i_{ab}，i_{bc}，i_{ca} より，それぞれ $\pi/6$ 〔rad〕遅れています．
　図6の線電流 i_a と相電流 i_{ab} と $-i_{ca}$ のベクトルで，三角形 ABO は，辺 $\overline{AO}$ と辺 $\overline{AB}$ が相電流 i_{ab} と $-i_{ca}$ ですから，大きさが等しく，二等辺三角形になっています．
　そこで，頂点Aから底辺 $\overline{BO}$ に垂線 $\overline{AP}$ を引くと，P点は底辺 $\overline{BO}$ を二等分します．
　$\overline{BO} = I_a$ ですから，$\overline{PO} = 1/2\,I_a$ ということです．
　次に，直角三角形 APO で，∠AOP は $\pi/6$ 〔rad〕ですから，

$$\cos\frac{\pi}{6} = \frac{\overline{PO}}{\overline{AO}} = \frac{1/2\,I_a}{I_{ab}} \qquad I_a = 2\,I_{ab}\cos\frac{\pi}{6} = 2 \times I_{ab} \times \frac{\sqrt{3}}{2} = \sqrt{3}\,I_{ab}\,\text{〔A〕}$$

となります．
　各相電流の大きさは等しいですから，$I_{ab} = I_{bc} = I_{ca}$ です．
　したがって，$I_b = \sqrt{3}\,I_{bc}$ 〔A〕　$I_c = \sqrt{3}\,I_{ca}$ 〔A〕　ということです．
　一般に，線電流と相電流の大きさは，次のような関係となります．

　　線電流＝$\sqrt{3}$ × 相電流

10. 三相交流回路のデルタ結線

Q58 △−△結線による三相3線式はどう配線するのか

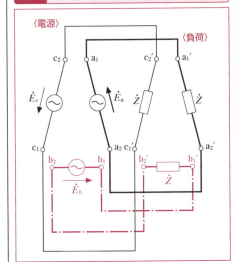

図7 独立三相6線式デルタデルタ結線

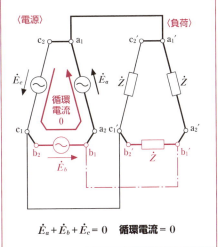

図8 三相3線式デルタデルタ結線

$\dot{E}_a + \dot{E}_b + \dot{E}_c = 0$　循環電流＝0

A 三相3線式は電源と負荷の△(デルタ)結線を3本の線で接続する

❖電源と負荷をそれぞれデルタ結線で接続した回路を"デルタデルタ(△−△)結線"といいます.
　図7のように，6本の電線によって，$2\pi/3$〔rad〕の位相差のある三つの三相交流起電力 $\dot{E}_a$, $\dot{E}_b$, $\dot{E}_c$ を独立した回路になるように，それぞれの相に負荷インピーダンス $\dot{Z}$ を接続し，三角(△)に並べる方式を"独立三相6線式デルタデルタ結線"といいます.
　この方式は，電線本数が多く不経済なため使用されていません.
　そこで，起電力の端子 a_1-c_2，b_1-a_2，c_1-b_2 を結び，また，負荷の端子 $a_1'-c_2'$，$b_1'-a_2'$，$c_1'-b_2'$ を結んで，図8のように，電源と負荷を閉回路にして，両方を3本の線で接続します. この回路を三相交流の"三相3線式デルタデルタ(△−△)結線"といいます.
　閉回路内の起電力は $\dot{E}_a + \dot{E}_b + \dot{E}_c = 0$ ですので，循環電流が流れず，三つの単相回路と同じ機能となります.
　閉回路内の起電力の和が0〔V〕であることはQ47で記しましたが，さらに次ページにおいて直角座標表示による記号法で説明します.

● 電気回路の基礎知識

Q59 デルタ結線回路の起電力の和はいくらなのか

図9　△−△結線による三相3線式接続図

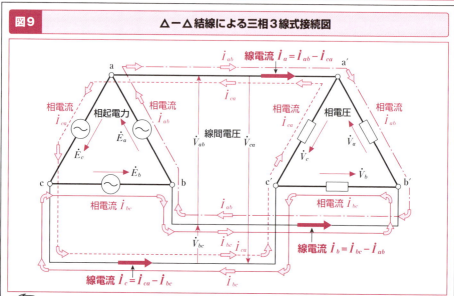

A デルタ結線閉回路の起電力の和は0〔V〕である．

❖位相差が $2\pi/3$〔rad〕あり，大きさが等しい対称三相起電力 $\dot{E}_a, \dot{E}_b, \dot{E}_c$ の和が0〔V〕であることは，Q47で三角関数の加法定理を用いた計算により説明したので，直交座標表示による記号法により，その和が0〔V〕であることを求めてみます．そこで，対称三相起電力 $\dot{E}_a, \dot{E}_b, \dot{E}_c$ を直交座標表示による記号法で表示すると，次のようになります（Q50参照）．

$$\dot{E}_a = E \text{〔V〕} \qquad \dot{E}_b = E\left(-\frac{1}{2} - j\frac{\sqrt{3}}{2}\right) \text{〔V〕}$$

$$\dot{E}_c = E\left(-\frac{1}{2} + j\frac{\sqrt{3}}{2}\right) \text{〔V〕} \qquad \text{です．したがって，}$$

$$\dot{E}_a + \dot{E}_b + \dot{E}_c = E + E\left(-\frac{1}{2} - j\frac{\sqrt{3}}{2}\right) + E\left(-\frac{1}{2} + j\frac{\sqrt{3}}{2}\right)$$

$$= E - \frac{1}{2}E - j\frac{\sqrt{3}}{2}E - \frac{1}{2}E + j\frac{\sqrt{3}}{2}E$$

$$= E - E = 0 \qquad \text{となります．}$$

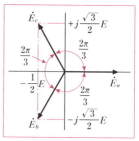

これにより，電源の対称三相起電力を直列に環にしたデルタ結線の閉回路の起電力の和が0〔V〕ですので，循環電流は流れません．

したがって，三つの単相回路と同じになるので，電源の相電流と負荷の相電流は等しく，また，電源の相起電力と負荷の相電圧，線間電圧も等しくなります．

172

10. 三相交流回路のデルタ結線

Q60 三相3線式の△−△結線の電流はどう求めるのか

図10 三相3線式△−△結線　　**図11** 三つの単相回路に分解

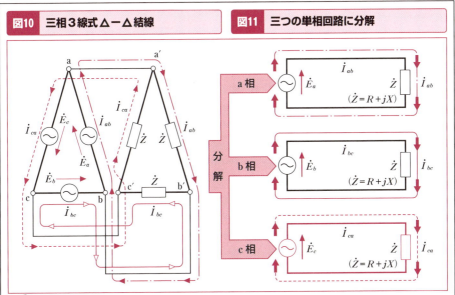

A △−△結線の電流は三つの単相回路に分解して求める

❖ 図10のように電源と負荷をデルタ結線とした平衡三相△−△結線では、電源の起電力 $\dot{E}_a$, $\dot{E}_b$, $\dot{E}_c$ を等しくし、負荷の各相のインピーダンス $\dot{Z}$ も同じにします。

平衡三相△−△結線では、図11のように、三つの単相回路に分解することができます。

負荷の相電流の大きさは、負荷の両端子間に加わる線間電圧(相電圧に等しい)を、インピーダンス Z で割った値となります。したがって、

$$I_{ab}=\frac{E_a}{Z} \text{〔A〕} \quad I_{bc}=\frac{E_b}{Z} \text{〔A〕} \quad I_{ca}=\frac{E_c}{Z} \text{〔A〕}$$

となります。

ここで、負荷のインピーダンス $\dot{Z}$ ($\dot{Z}=R+jX$) を $Z\angle\theta$ ($\theta=\tan^{-1}X/R$) とし、a相の起電力 $\dot{E}_a$ を基準とすると、各相電流 $\dot{I}_{ab}$, $\dot{I}_{bc}$, $\dot{I}_{ca}$ の極座標表示は、

$$\dot{I}_{ab}=\frac{\dot{E}_a}{\dot{Z}}=\frac{E}{Z}\angle-\theta \text{〔A〕} \quad \dot{I}_{bc}=\frac{\dot{E}_b}{\dot{Z}}=\frac{E}{Z}\angle\left(-\theta-\frac{2\pi}{3}\right) \text{〔A〕}$$

$$\dot{I}_{ca}=\frac{\dot{E}_c}{\dot{Z}}=\frac{E}{Z}\angle\left(-\theta-\frac{4\pi}{3}\right) \text{〔A〕} \quad となります。$$

そして、平衡三相回路ですから、電源の相電流も負荷の相電流と同じです。電源と負荷をつなぐ各線電流 $\dot{I}_a$, $\dot{I}_b$, $\dot{I}_c$ の大きさは、相電流の $\sqrt{3}$ 倍で、それぞれ対応する相電流より $\pi/6$〔rad〕位相が遅れます。

●電気回路の基礎知識

⑪ 交流回路の電力

Q61 交流の抵抗回路での電力はどう求めるのか

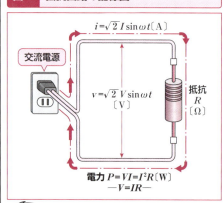

図1　抵抗回路の配線図

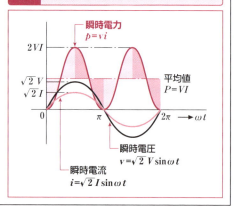

図2　抵抗回路の瞬時電力

A 抵抗回路での電力は電圧と電流の実効値の積で求める

❖交流回路では，瞬時電圧 v と瞬時電流 i の大きさ・方向が周期的に変化し，その積 vi も時間とともに変わることから，瞬時電圧 v と瞬時電流 i の積を，特に，"**瞬時電力**" といいます．
そこで，"**瞬時電力の1周期間の平均値を交流の電力**" といいます．
図1のような抵抗回路では，瞬時電圧 v と瞬時電流 i は，同相ですから，電圧 v と電流 i の瞬時値は，
$v=\sqrt{2}\,V\sin\omega t\,[V]$，$i=\sqrt{2}\,I\sin\omega t\,[A]$　　したがって，瞬時電力 p は，
$p=vi=\sqrt{2}\,V\sin\omega t\times\sqrt{2}\,I\sin\omega t=2VI\sin^2\omega t$ ……（1）　　となります（図2）．
また，三角関数の公式で　$\sin^2\alpha=\dfrac{1}{2}(1-\cos 2\alpha)$　が成り立つので，この式で $\alpha=\omega t$ とおくと（1）式は，

$p=2VI\sin^2\omega t=2VI\times\dfrac{1}{2}(1-\cos 2\omega t)=VI(1-\cos 2\omega t)$

$\quad=VI-VI\cos 2\omega t$ ……（2）

交流電力 p は，瞬時電力の1周期の平均値ですから，$\cos 2\omega t$ の平均値は0（理由説明：Q63の図6（b）参照）のため，　$P=VI\,[W]$ ……（3）　　です．
抵抗 R だけの回路で消費される電力 P は，電圧と電流の実効値 V と I の積 $VI\,[W]$ となります．

174

11. 交流回路の電力

Q62 誘導リアクタンスでの電力はどう求めるのか

図3 誘導リアクタンス回路の配線図

図4 誘導リアクタンス回路の瞬時電力

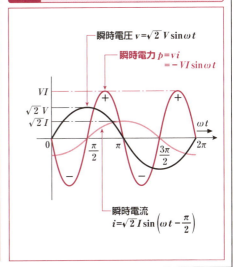

A 誘導リアクタンスでの電力は消費されずに電源に還る

❖図3のように，誘導リアクタンス X_L〔Ω〕のみのコイルに，交流の瞬時電圧 v〔V〕(実効値：V)を加えると，位相が $\pi/2$〔rad〕遅れた瞬時電流 i（実効値：I）が流れます．

電圧 v，電流 i の瞬時値は，
$$v = \sqrt{2}\,V\sin\omega t\,\text{〔V〕} \qquad i = \sqrt{2}\,I\sin\left(\omega t - \frac{\pi}{2}\right)\text{〔A〕}$$ です．したがって，瞬時電力 p は，
$$p = vi = \sqrt{2}\,V\sin\omega t \times \sqrt{2}\,I\sin\left(\omega t - \frac{\pi}{2}\right)_{注1} = -2VI\sin\omega t\cos\omega t_{注2}$$
$$= -VI\sin 2\omega t \quad\cdots\cdots\,(4)$$

注1：三角関数公式 $\sin\left(\omega t - \frac{\pi}{2}\right) = -\cos\omega t$ 注2：三角関数公式 $2\sin\omega t\cos\omega t = \sin 2\omega t$

(4)式で，$\sin 2\omega t$ は，2倍の角速度の $\sin$（正弦）値ですので，その1周期の平均は0となり，交流電力 $P = 0$ です．

図4の誘導リアクタンス X_L の瞬時電力 p の波形で，p が(+)の期間では，電源から供給される電気エネルギーは誘導リアクタンス X_L に "**電磁エネルギー**" として蓄えられ，p が(−)の期間では，誘導リアクタンス X_L に蓄えられた電磁エネルギーは電源に還ります．

したがって，誘導リアクタンス X_L 回路では電力を消費しません．

このような電力を "**無効電力**" といいます．つまり，無効電力とは，電源と誘導リアクタンスとの間で授受する電力を表し，消費されないということです．無効電力の量記号は "Q" で表し，単位は〔var〕です．無効電力 Q は，　$Q = VI\sin\theta$〔var〕　で表します．

175

● 電気回路の基礎知識

Q63 RLC 直列回路の電力はどう求めるのか

図5 RLC 直列回路の結線図

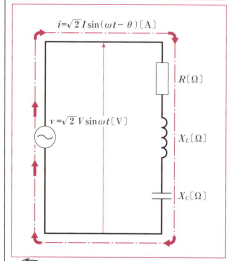

図6 RLC 直列回路の瞬時電力

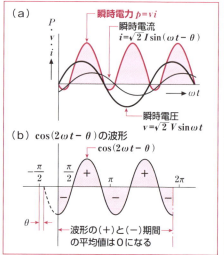

A RLC 直列回路の電力 P は $P = VI\cos\theta$ で求められる

❖図5のような，RLC 直列回路で，電流 i が電圧 v より θ [rad] だけ位相が遅れているとします。瞬時電圧 v の実効値を V，瞬時電流 i の実効値を I とします。

$$v = \sqrt{2}\,V\sin\omega t\,[\text{V}]\ \cdots\cdots(5) \qquad i = \sqrt{2}\,I\sin(\omega t - \theta)\,[\text{A}]\ \cdots\cdots(6)$$

瞬時電力 p は，$p = vi$ [W]（図6(a)）　この式に(5)式と(6)式を代入すると，

$$p = vi = \sqrt{2}\,V\sin\omega t \times \sqrt{2}\,I\sin(\omega t - \theta)\,[\text{W}]\ \cdots\cdots(7)$$

また，三角関数公式で　$\sin\alpha\sin\beta = \dfrac{1}{2}\{\cos(\alpha - \beta) - \cos(\alpha + \beta)\}$

が成り立つので，$\alpha = \omega t$，$\beta = \omega t - \theta$ とおくと(7)式は，

$$p = \sqrt{2}\,V\sin\omega t \times \sqrt{2}\,I\sin(\omega t - \theta) = 2VI\sin\omega t \cdot \sin(\omega t - \theta)$$

$$= 2VI \times \dfrac{1}{2}[\cos\{\omega t - (\omega t - \theta)\} - \cos\{\omega t + (\omega t - \theta)\}]$$

$$= VI\cos\theta - \cos(2\omega t - \theta)\,[\text{W}]\ \cdots\cdots(8)\ \ \text{です}。$$

この式が瞬時電力 p で，瞬時電力の1周期の平均値が交流電力です。この式の第1項の $VI\cos\theta$ は時間を含んでいないので，時間に対して一定の値となります。第2項の $\cos(2\omega t - \theta)$ は $2\omega t$ に時間を含み，2倍の角速度の cos（余弦）値ですので，1周期の平均は図6(b)で示すように0になります。したがって，交流電力 P は　$P = VI\cos\theta$ [W] $\cdots\cdots$(9)

この(9)式で表される電力を**有効電力**といい，$\cos\theta$ を**力率**といいます。

11. 交流回路の電力

Q64 三相回路の電力はどう求めるのか

図7 平衡三相Y−Y結線は三つの単相回路からなる

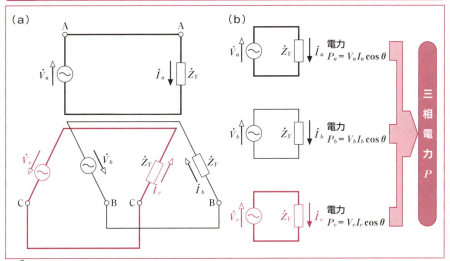

A 三相電力は各相電力の和である

❖三相交流回路の電力を"**三相電力**"といいます。電力は，負荷で消費されるものですので，その度合い（力率のこと）は，負荷そのものに加わる電圧と電流，その位相差で決まります。

図7(a)のY−Y結線の平衡三相回路で相電圧（相起電力）を V_a, V_b, V_c，相電流を I_a, I_b, I_c，負荷のインピーダンスを Z_Y，力率を $\cos\theta$ とします。

この平衡三相回路は，図7(b)のように，三つの単相回路から構成されます。
単相回路それぞれの電力は，前ページの(9)式から，

$P_a = V_a I_a \cos\theta$ 〔W〕 …… (10)　　$P_b = V_b I_b \cos\theta$ 〔W〕 …… (11)
$P_c = V_c I_c \cos\theta$ 〔W〕 …… (12)　　となります．

平衡三相回路としての電力 P は，三つの単相回路の電力の和となります．
$P = P_a + P_b + P_c = V_a I_a \cos\theta + V_b I_b \cos\theta + V_c I_c \cos\theta$ …… (13)

平衡三相回路ですから　　$V_a = V_b = V_c = V$　　　$I_a = I_b = I_c = I$　　なので(13)式は，

$P = P_a + P_b + P_c = VI\cos\theta + VI\cos\theta + VI\cos\theta$
$ = 3VI\cos\theta$ 〔W〕 …… (14)　　となります．

● 三相電力 $P = 3 \times$ 相電圧 $\times$ 相電流 $\times$ 力率〔W〕

177

●電気回路の基礎知識

Q65 平衡三相Y－Y結線の三相電力はどう求めるのか

図8 平衡三相Y－Y結線の三相電力　　　　　　―線間電圧・線電流による式―

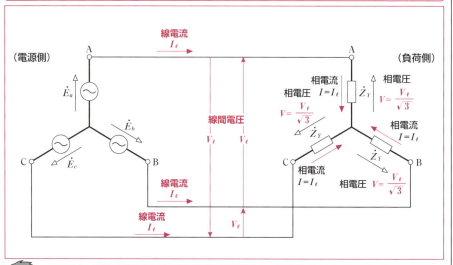

A 三相電力 P は　$P=\sqrt{3}\ V_\ell I_\ell \cos\theta$　で求める

❖平衡三相Y－Y結線の三相電力 P〔W〕を，線間電圧 V_ℓ〔V〕，線電流 I_ℓ〔A〕で表してみましょう．
図8で示すように，Y－Y結線の相電圧 V は，線間電圧 V_ℓ の $1/\sqrt{3}$ 倍，また，相電流 I は線電流 I_ℓ に等しくなります．

$$V = \frac{1}{\sqrt{3}} \cdot V_\ell \text{〔V〕} \cdots\cdots (15) \qquad I = I_\ell \text{〔A〕} \cdots\cdots (16)$$

(15)式と(16)式を前ページの(14)式　$P=3VI\cos\theta$〔W〕　に代入すると，
三相電力 P は，

$$P = 3VI\cos\theta = 3 \cdot \frac{1}{\sqrt{3}} \cdot V_\ell I_\ell \cos\theta = \sqrt{3}\ V_\ell I_\ell \cos\theta \text{〔W〕} \cdots\cdots (17)$$

平衡三相Y－Y結線の三相電力 P を線間電圧 V_ℓ，線電流 I_ℓ から計算する場合は，(17)式を用いて求めます．

- 三相電力 $P=\sqrt{3}$ × 線間電圧 × 線電流 × 力率〔W〕

Q66 平衡三相△−△結線の三相電力はどう求めるのか

図9 平衡三相△−△結線の三相電力 —線間電圧・線電流による式—

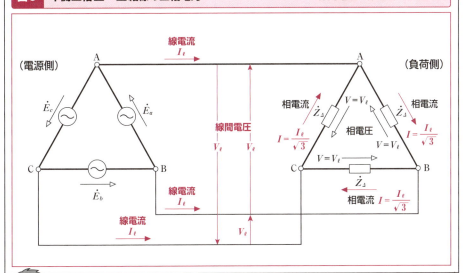

A 三相電力 P は $P = \sqrt{3}\, V_\ell I_\ell \cos\theta$ で求める

❖ 平衡三相△−△結線の三相電力 P 〔W〕を，線間電圧 V_ℓ〔V〕，線電流 I_ℓ〔A〕で表してみましょう．
図9で示すように，△−△結線の相電圧 V は，線間電圧 V_ℓ に等しく，また，相電流 I は，線電流 I_ℓ の $1/\sqrt{3}$ 倍です．

$$V = V_\ell \ \text{〔V〕} \cdots\cdots (18) \qquad I = \frac{1}{\sqrt{3}} I_\ell \ \text{〔A〕} \cdots\cdots (19)$$

(18)式と(19)式を Q64 の(14)式 $P = 3VI\cos\theta$ に代入すると，
三相電力 P は，

$$P = 3VI\cos\theta = 3V_\ell \cdot \frac{1}{\sqrt{3}} \cdot I_\ell \cos\theta = \sqrt{3}\, V_\ell I_\ell \cos\theta \ \text{〔W〕} \cdots\cdots (20)$$

平衡三相△−△結線の三相電力 P は，平衡三相Ｙ−Ｙ結線と同じ式で求めることができます．

- 三相電力 $P = \sqrt{3}$ × 線間電圧 × 線電流 × 力率〔W〕

❖ 平衡三相△−△結線，平衡三相Ｙ−Ｙ結線の無効電力 Q は，
 $Q = 3VI\sin\theta = \sqrt{3}\, V_\ell I_\ell \sin\theta$ 〔var〕 で求められます．
また，皮相電力 S は，
 $S = 3VI = \sqrt{3}\, V_\ell I_\ell$ 〔VA〕 で求められます．

●電気回路の基礎知識

12 ブリッジ回路

Q67 ブリッジ回路とはどんな回路なのか

図1 ブリッジ回路

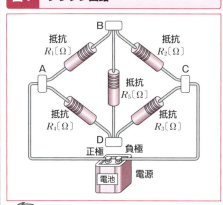

図2 同じ電流が流れる

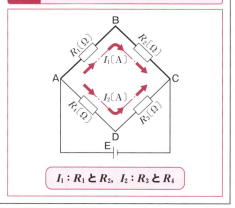

$I_1 : R_1 \succeq R_2,\ I_2 : R_3 \succeq R_4$

ブリッジ回路は直並列回路に橋をかけた回路をいう

❖ 図1のように，抵抗 R_1〔Ω〕と R_2〔Ω〕，抵抗 R_3〔Ω〕と R_4〔Ω〕をそれぞれ直列接続し，直列に接続した二つの回路を並列接続して，この直並列回路のB点とD点に抵抗 R_5〔Ω〕を接続し橋(ブリッジ)をかけます．このように橋をかけた回路を"ブリッジ回路"といいます．

❖ ブリッジ回路において，抵抗 R_1〔Ω〕，R_2〔Ω〕，R_3〔Ω〕，R_4〔Ω〕をそれぞれ次ページ(6)式に示す特別な値にするとB点とD点の電位が等しくなり，B点とD点の間に電流が流れなくなります．この状態を"ブリッジ回路が平衡した"といいます．

B点とD点の間に電流が流れない状態では，B点とD点がつながっていない．つまり，抵抗 R_5 がないのと同じといえます．したがって，ブリッジ回路の平衡状態では，図2の抵抗の直並列回路と同じ機能をもつということになります．

平衡状態では抵抗 R_1 と R_2 は，直列接続ですから，同じ大きさの電流 I_1 が流れます．また，抵抗 R_3 と R_4 も直列接続ですから，同じ大きさの電流 I_2 が流れます．

そして，ブリッジ回路が平衡していて，B点とD点の電位が等しいとき，図3(次ページ参照)のように，抵抗 R_1 の電圧降下 V_1 と抵抗 R_4 の電圧降下 V_4 が等しくなります．

$V_1 = V_4$ ……（1）

—次ページへ続く—

12. ブリッジ回路

Q68 ブリッジ回路の平衡条件はどう求めるのか

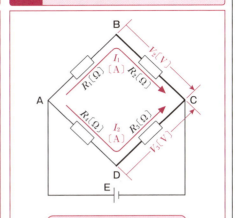

| 図3 電圧降下は等しい $V_1 = V_4$ | 図4 電圧降下は等しい $V_2 = V_3$ |

$V_1 = V_4 \text{[V]}, \quad R_1 I = R_4 I_2$

――平衡条件：$R_1 R_3 = R_2 R_4$――

$V_2 = V_3 \text{[V]}, \quad R_2 I_1 = R_3 I_2$

――平衡条件：$R_1 R_3 = R_2 R_4$――

A 平衡条件は向き合った抵抗の相互の積が等しい

❖図3で抵抗 R_1 と R_4 の電圧降下 V_1, V_4 をオームの法則により求めると，
 $V_1 = R_1 I_1 \qquad V_4 = R_4 I_2$ 　となり，この二つの式と前ページの（1）式から，
 $R_1 I_1 = R_4 I_2 \text{[V]}$ ……（2）　になります。
また，図4でも同じ理由で抵抗 R_2 の電圧降下 V_2 と抵抗 R_3 の電圧降下 V_3 が等しくなります。
したがって，$V_2 = V_3$ ……（3）　です。
また，抵抗 R_2 と R_3 の電圧降下 V_2, V_3 をオームの法則から求めると，
 $V_2 = R_2 I_1 \qquad V_3 = R_3 I_2$ 　になります。
この二つの式と（3）式から，　$R_2 I_1 = R_3 I_2 \text{[V]}$ ……（4）　になります。
（4）式から電流 I_2 は，　$I_2 = \dfrac{R_2}{R_3} I_1 \text{[A]}$ ……（5）　となります。
（5）式の I_2 を（2）式に代入すると，
 $R_1 I_1 = R_4 \dfrac{R_2}{R_3} I_1$ 　この両辺を I_1 で約すと，　$R_1 = R_4 \dfrac{R_2}{R_3}$ 　となります。
したがって，　$R_1 R_3 = R_2 R_4 \text{[Ω]}$ ……（6）　が得られます。
この（6）式が，"ブリッジ回路の平衡条件"です。
ブリッジ回路の平衡条件は，"ブリッジ回路の向き合った抵抗の相互の積は等しい"ということで，この条件を"たすきがけの条件が成り立つ"といいます。

181

●電気回路の基礎知識

Q69 ホイートストンブリッジにはどのような機能があるのか

図5 ホイートストンブリッジ原理図

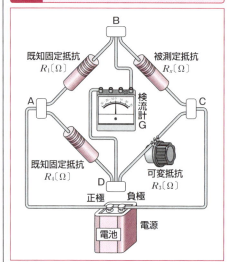

図6 ホイートストンブリッジ回路図

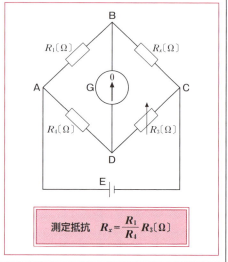

測定抵抗　$R_x = \dfrac{R_1}{R_4} R_3 \,[\Omega]$

A ホイートストンブリッジは抵抗を測定する機能がある

❖ホイートストンブリッジは，ブリッジ回路の平衡条件を使って，抵抗の値を測定する計測器です．
　ホイートストンブリッジは，サミュエル・ハンター・クリスティが発明し，チャールズ・ホイートストンが改良したもので，図5のように，既知の固定抵抗 $R_1\,[\Omega]$・$R_4\,[\Omega]$ と，可変抵抗 $R_3\,[\Omega]$，そして，測定する未知抵抗 $R_x\,[\Omega]$ の四つの抵抗が，ブリッジに組まれています．
　ブリッジの端子A−C間には，電池などの電源を接続し，端子B−D間には，微弱な電流を検出できる検流計を接続します．

❖ホイートストンブリッジの抵抗 R_x の測定は，検流計GのスイッチSをONにし，可変抵抗 R_3 を調整して，検流計Gの指針が0になるようにします．つまり，端子B−D間に電流が流れない平衡状態にします(図6)．
　ブリッジが，平衡状態になると，前ページの(6)式　$R_1 R_3 = R_x R_4\,[\Omega]$　が成り立ちます．
　したがって，測定する抵抗 R_x は　　$R_x = \dfrac{R_1}{R_4} R_3\,[\Omega]$ …… (7)　　となります．
　(7)式で R_1/R_4 の値を1，10，100などの値に設定すると，可変抵抗 R_3 に R_1/R_4 の倍率を掛けることにより，測定する抵抗 $R_x\,[\Omega]$ の値を簡単に知ることができます．

12. ブリッジ回路

Q70 ダブルブリッジにはどのような機能があるのか

図7 ダブルブリッジの原理図

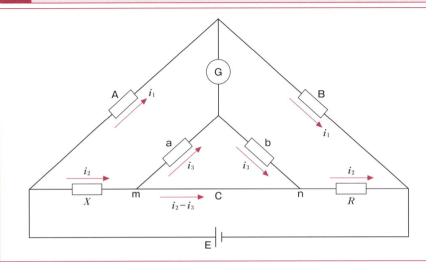

A ダブルブリッジは低抵抗を測定する機能がある

❖ダブルブリッジは，ホイートストンブリッジの原理を応用して，接続線の抵抗の影響を少なくし，低抵抗の測定に用いられます．

図7は，ダブルブリッジの原理を示し，A，Bは比例辺，a，bは補助比例辺，Xは被測定抵抗です．矢印の方向に電流を流し，各辺の抵抗を変えて平衡状態を得たとすれば，次のような関係が成り立ちます． $i_1 A = i_2 X + i_3 a$　　$i_1 B = i_2 R + i_3 b$　　これから，

$$\frac{A}{B} = \frac{i_2 X + i_3 a}{i_2 R + i_3 b} = \frac{X + i_3/i_2 \cdot a}{R + i_3/i_2 \cdot b} \cdots\cdots (8)$$ 　　またm−n間の接続線抵抗をCとすれば，m−n間の電圧降下は等しいので，$(i_2 - i_3)C = i_3(a+b)$ ……（9）　となります．

（9）式を変形すると，$\dfrac{i_3}{i_2} = \dfrac{C}{a+b+C}$　この式を(8)式に代入すると，

$$\frac{A}{B} = \frac{X + aC/(a+b+C)}{R + bC/(a+b+C)}$$ 　　この式からXを求めると，

$X = \dfrac{A}{B} R + \left(\dfrac{A}{B} - \dfrac{a}{b} \right) \dfrac{bC}{a+b+C}$　　となります．そこで　$\dfrac{A}{B} = \dfrac{a}{b}$　の関係が成立すると，

上式の第二項は0ですので，　$X = \dfrac{A}{B} R$　　となります．

これにより，m−n間の接続線の抵抗Cの影響を受けずに，Xの値を求めることができます．

183

●電気回路の基礎知識

Q71 コールラウシュブリッジにはどのような機能があるのか

図8 コールラウシュブリッジの原理図

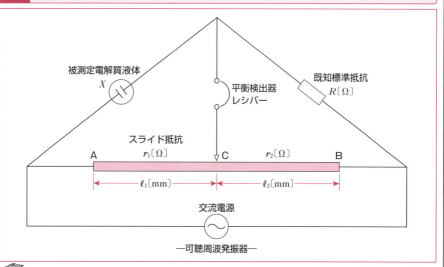

A 電解質液体の電気伝導度を測定する機能がある

❖コールラウシュブリッジは，交流電源により電解質液体の電気伝導度(電気抵抗)の測定に用いられます．

電解質液体の電気伝導度を測定する際に，直流電源では電気分解反応が進行するために，液体の組成が変化して正しい値を計測することができないので，高周波の交流電源を用います．

図8は，コールラウシュブリッジの原理を示し，交流電源(可聴周波発振器)，スライド抵抗，既知標準抵抗，被測定電解質液体 X，そして，平衡検出器レシバーから構成されています．

測定は，測定セルに電解質液体を入れ，発振器から可聴周波(1 kHz)の電圧を加えます．そして，スライド抵抗 AB のスライド C を動かして，平衡状態となってレシバーの音が聞こえなくなる点を求め，そのときのスライド C の位置を読み取ります．

平衡状態では，次のような関係が成り立ちます．

　　$Xr_2 = Rr_1$　　この式から X を求めると，　　$X = \dfrac{r_1}{r_2} R \,〔\Omega〕$　　となります．

スライド抵抗の値は，断面積が一定ですから長さに比例します．したがって，スライド抵抗の A－C 間の抵抗 r_1 と B－C 間の抵抗 r_2 は，その長さ ℓ_1 と ℓ_2 に比例します．

そのため，　　$X = \dfrac{\ell_1}{\ell_2} R \,〔\Omega〕$　　となります．電解質液体の電気伝導度 X は，スライド抵抗の長さ ℓ_1 と ℓ_2 の比と既知標準抵抗 R の積で求めることができます．

12. ブリッジ回路

Q72 マクスウェルブリッジ・キャパシタンスブリッジにはどんな機能があるのか

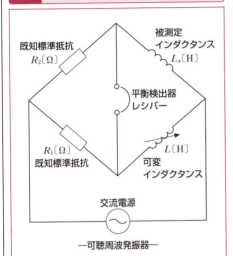

図9 マクスウェルブリッジの原理図

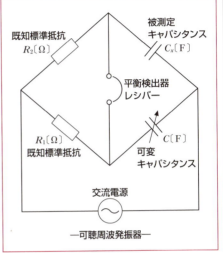

図10 キャパシタンスブリッジの原理図

A インダクタンス・キャパシタンスの測定に用いる

❖マクスウェルブリッジは，インダクタンスの測定に用いられます．
　図9は，マクスウェルブリッジの原理を示し，可聴周波（1 kHz）発振器，既知標準抵抗 R_1, R_2, 可変インダクタンス L, 被測定インダクタンス L_x, 平衡検出器レシーバから構成されます．
　測定は，可変インダクタンスを調整して，平衡状態であるレシーバの音が聞えなくなった点を求めます．平衡状態では，次のような関係が成り立ちます．

$$\frac{R_1}{R_2} = \frac{i\omega L}{i\omega L_x}$$ 　この式から L_x を求めると　$L_x = \frac{R_2}{R_1} L \,[\mathrm{H}]$ 　となります．

R_2/R_1 の比を1，10，100などの値に設定すると，可変インダクタンス L に R_2/R_1 の比を掛けることで，測定するインダクタンス L_x の値を求めることができます．

❖キャパシタンスブリッジは，キャパシタンスの測定に用いられます．
　図10は，キャパシタンスブリッジの原理を示し，交流電源（可聴周波発振器），既知標準抵抗 R_1, R_2, 可変コンデンサ C, 被測定キャパシタンス C_x, 平衡検出器レシーバから構成されます．
　測定は，可変コンデンサ C を調整して，平衡状態であるレシーバの音が聞えなくなった点を求めます．この平衡状態では， $-j\frac{1}{\omega C_x} \cdot R_1 = -j\frac{1}{\omega C} \cdot R_2$ 　が成り立ちます．

この式から C_x を求めると　$C_x = \frac{R_1}{R_2} C \,[\mathrm{F}]$ 　となります．

●付録

付録1 キルヒホッフの法則を知る

S：キルヒホッフの法則は第1法則と第2法則ですね．
O：第1法則は電流に関する法則で"回路中のどの接続点においても，その接続点に流入する電流の和は，流出する電流の和に等しい"ということだよ．

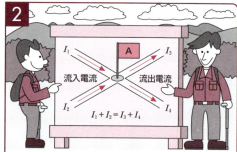

S：図のような回路のA点ではどうなりますか．
O：そうだな，A点に流入する電流がI_1とI_2で，流出する電流がI_3とI_4だから$I_1 + I_2 = I_3 + I_4$となるね．
S：$I_1 + I_2 - (I_3 + I_4) = 0$ですから総和は0ですね．

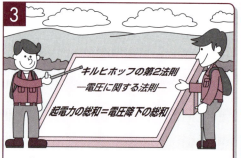

S：第2法則は電圧に関する法則というのですね．
O：第2法則は"回路中の任意の閉回路を一定の方向にたどったとき，その閉回路にある起電力の総和は，電圧降下の総和に等しい"ということだよ．

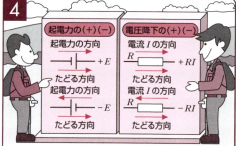

S：第2法則の適用にはどんな決まりがありますか．
O：たどる方向と起電力の方向，電流の方向が同じとき起電力，電圧降下は（＋），反対なら（－）だよ．
S：たどる方向は右回りでも左回りでもよいのですね．

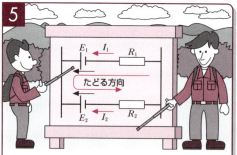

S：図のような回路ではどうなりますか．
O：起電力の和は，回路をたどる方向と起電力E_1は同方向，起電力E_2は反対方向だから$E_1 - E_2$ということになるよ．

O：電圧降下の和は，回路をたどる方向と電流I_1は同方向，電流I_2は反対方向だから$R_1 I_1 - R_2 I_2$だよ．
S：起電力の総和と電圧降下の総和が等しいのですから$E_1 - E_2 = R_1 I_1 - R_2 I_2$ということですね．

付録2 直列共振回路

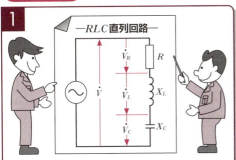

S：直列共振とはどういう状態ですか．
O：RLC 直列回路で，誘導リアクタンス X_L と容量リアクタンス X_C が等しい特別な状態をいい，直列接続の共振だから直列共振というのだよ．

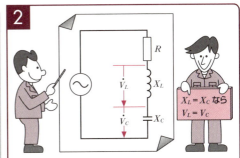

S：直列共振のときの電圧はどうなりますか．
O：誘導リアクタンスの電圧 $\dot{V}_L$ は $\dot{V}_L = jX_L\dot{I}$ [V]，容量リアクタンスの電圧 $\dot{V}_C$ は $\dot{V}_C = -jX_C\dot{I}$ [V] だよ．
S：では，$X_L = X_C$ のとき $V_L = V_C$ となりますね．

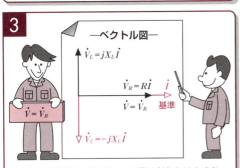

S：直列共振のときのベクトル図はどうなりますか．
O：電流 $\dot{I}$ を基準にすると $\dot{V}_L$ は $\pi/2$ [rad] の進み，$\dot{V}_C$ は $\pi/2$ [rad] の遅れだから打ち消し合うのだよ．
S：回路は抵抗 R の電圧 $\dot{V}_R$ のみになりますね．

S：RLC 直列回路の合成インピーダンス $\dot{Z}$ は $\dot{Z} = R + j(X_L - X_C)$ [Ω] ですね．
O：直列共振状態では $X_L = X_C$ だから $X_L - X_C = 0$ $\dot{Z} = R + j0 = R$ [Ω] と抵抗だけの回路になるのだよ．

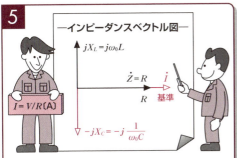

S：それでは直列共振時の電流はどうなりますか．
O：合成インピーダンス Z が抵抗 R だけで一番小さいので電流 I は $I = V/R$ [A] となり，直列共振電流といって回路に一番大きな電流が流れるのだよ．

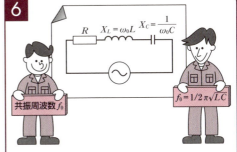

S：直列共振となる周波数はどうなりますか．
O：直列共振は $X_L = X_C$ だから共振角速度を ω_0 とすると $\omega_0 L = 1/\omega_0 C$ だから $\omega_0 = 1/\sqrt{LC}$，共振周波数 f_0 で $2\pi f_0 = \omega_0 = 1/\sqrt{LC}$，$f_0 = 1/2\pi\sqrt{LC}$ だよ．

完全図解 電気理論と電気回路の基礎知識早わかり

索 引

［あ行］

アンペア……………………… 119
　　──の周回路の法則…………69

イオン化傾向……………56, 126
位相………………………… 143
位相差……………………… 143
一致回路……………………28
インタロック回路……………31
インピーダンス角……… 151, 153

ウェーバ……………………94

オーム………………………41, 119
オームの法則……………… 119
温度係数……………………43

［か行］

回路………………………… 120
化学当量……………………54
角速度……………………… 142
可変抵抗器………………45, 117
加法定理…………………160, 166
カロリー……………………49
乾電池……………………… 121

起磁力…………… 17, 18, 107, 109
起電力… 72, 73, 121, 132, 134, 136
　　──の大きさ……… 72, 73, 134
　　──の方向…………71, 133
逆起電力…………………… 146
キャパシタンス……………86
　　──ブリッジ…………… 185
強磁性体……………………8
極座標表示………………167, 173
虚数………………………… 149
キルヒホッフの法則…… 169, 186
キロワット…………………49

キロワットアワー……………49
キロワット時……………… 128
禁止回路……………………27

クーロン…………………83, 127
グラム当量…………………54

原子価………………………52
原子核………………………34
原子の熱振動現象…………46
検流計……………………70, 76

高圧油入変圧器…………… 112
合成インピーダンス
　　……………… 151, 153, 155
合成磁気抵抗………19, 109, 110
合成静電容量…………88, 90, 91
合成抵抗……… 122, 123, 124, 125
交流回路…………………… 120
　　──の電力…………… 174
交流起電力………………… 138
交流電力…………………… 176
交流の実効値……………… 141
交流発電機………………74, 75
コールラウシュブリッジ…… 184
固定抵抗器………………45, 117
弧度法……………………137, 142
コンデンサ………… 86, 88, 90, 91
　　──の合成静電容量…88, 90, 91
　　──の充放電現象………… 148

［さ行］

サイクル…………………… 139
鎖交………………………77
三角結線………………… 168
三相3線式スタースター結線
　　………………………… 166
三相3線式デルタデルタ結線
　　………………………… 171

三相4線式スタースター結線
　　………………………… 165
三相交流………………156, 159
　　──起電力………156, 161
三相電力…………………… 177
三平方の定理……………… 151
残留磁気……………………16, 105

磁位………………………… 11, 99
磁位差…………… 11, 17, 99, 106
ジーメンス…………………42
磁化…………………………94
　　──の強さ… 102, 103, 104
　　──曲線………………16, 105
　　──線………………… 103
　　──率…………………15, 104
磁界………………… 10, 58, 60, 98
　　──の大きさ…… 10, 12, 58, 100
　　──の強さ… 10, 12, 17, 58, 61,
　　　　　　　　67, 98, 100, 106
　　──の方向………… 10, 12, 58
磁気…………………………9
　　──に関するクーロンの法則
　　………………………9
　　──の位置エネルギー……99
磁気回路…………………17, 106
　　──のオームの法則
　　……………… 18, 108, 109
磁気抵抗…………………18, 108
磁気分子……………………8, 95
磁気飽和……………………16, 105
磁気モーメント……………13, 102
磁気誘導……………………96
磁極………………………9, 94
　　──の強さ……………94
磁極密度……………………13, 102
磁気力………………………96
　　──に関するクーロンの法則
　　……………………… 67, 97

188

索引

──の大きさ·················· 9
自己インダクタンス···········79
自己保持回路··················30
　──の動作表··················30
自己誘導起電力···············79
自己誘導作用··················79
磁石······························8
磁性·····························94
　──体······················94, 95
磁束···························103
　──鎖交数··················77
磁束密度·········14, 15, 72, 104, 134
実効値····················141, 142
弱磁性体··························8
周期···························139
集積回路·······················21
自由電子················34, 115
充電電流·······················93
周波数························139
ジュール·················49, 128
　──熱·····················47, 50
　──の法則···············47, 48
瞬時起電力············157, 158
瞬時値························138
瞬時電力················174, 176
消費電力····················129
磁力線
　···12, 13, 14, 59, 60, 64, 100, 101
　──密度··················12, 14
真空中の誘電率···············35
真空の透磁率···················97

スター結線·········162, 163, 164
スタースター結線······165, 166

制御機器····················120
正弦波交流起電力·····75, 137, 139
　──の最大値··············138
　──の瞬時値··············138
　──のピークピーク値·····138
　──の平均値··············140
正弦波交流の実効値······142
正電荷························35
正電気························34
静電誘導·······················84
静電容量··················86, 87
静電力························35

──に関するクーロンの法則
　······························35
絶縁材料······················44
絶縁体························44
線間電圧··········163, 164, 169
先行動作優先回路···········31
線電流··············162, 169, 170
線路損失······················51

相···························168
　──回転···················159
　──起電力··········162, 168
相互インダクタンス·········81
相互誘導作用············80, 81
相互誘導電流···············80
相順··························159
相電圧······159, 162, 164, 168, 169
相電流··················162, 170

[た行]

対称三相起電力············172
対称三相交流··············156
対称三相交流起電力
　·················156, 160, 161
帯電体····················34, 84
ダブルブリッジ············183
炭素皮膜抵抗器········45, 117

チップ抵抗器················45
中性線·······················165
中性点·······················162
直交座標表示········163, 172
直流··························114
直流回路····················120
直列回路の合成抵抗·····123

抵抗·····················40, 117
　──の温度係数···········43
　──の直列回路·········122
　──の並列回路·········124
抵抗回路····················144
　──の瞬時電圧·········144
　──の瞬時電流·········144
　──の瞬時電力·········174
　──の電力················174
抵抗器················45, 117
抵抗材料····················44

抵抗線························50
抵抗損························51
抵抗率························42
ディジタル回路·············21
ディジタル信号·············21
テスラ··················102, 134
デルタ結線
　·················168, 169, 170, 171, 172
デルタデルタ結線·········171
電圧·············39, 116, 118, 119
　──の瞬時値············144
電位·····················38, 116
　──差························39
電荷··························35
電界····················48, 82
　──の大きさ·········37, 82
　──の強さ············36, 48
　──の方向············36, 37
電解···························53
　──質····················52, 53
電気エネルギー············127
電気回路····················120
電気化学当量················54
電気抵抗···40, 41, 43, 45, 117, 119
電気分解··················53, 54
電気力線·················37, 82
電子··························115
電磁エネルギー············175
電磁接触器··················20
電磁誘導作用········70, 76, 132
電磁力····················65, 66
　──の方向·················69
電磁リレー··················20
電束··························83
　──密度···················83
電池··························56
点電荷························35
電離··························52
電流·········48, 115, 116, 118, 119, 120
　──の磁気作用···········58
　──の瞬時値············146
　──の発熱作用···········46
　──の方向················115
電流力························68
　──作用····················68
電力量··········127, 128, 129, 130

189

●索引

透磁率‥‥‥‥‥‥‥‥ 9, 15, 97, 104
銅損‥‥‥‥‥‥‥‥‥‥‥‥‥‥‥51
導体‥‥‥‥‥‥‥‥‥‥‥‥‥‥‥44
導電率‥‥‥‥‥‥‥‥‥‥‥‥‥‥42
銅めっき‥‥‥‥‥‥‥‥‥‥‥‥‥55
度数法‥‥‥‥‥‥‥‥‥‥‥‥‥137

[な行]

鉛蓄電池‥‥‥‥‥‥‥‥‥‥‥‥‥57

[は行]

パーセント導電率‥‥‥‥‥‥‥‥‥42
配線‥‥‥‥‥‥‥‥‥‥‥‥‥‥120
排他的OR回路‥‥‥‥‥‥‥‥‥‥29
反作用の法則‥‥‥‥‥‥‥‥‥‥‥78
半導体‥‥‥‥‥‥‥‥‥‥‥‥‥‥44

ピーク値‥‥‥‥‥‥‥‥‥‥‥‥138
ピークピーク値‥‥‥‥‥‥‥‥‥138
ビオ・サバールの法則‥‥‥‥61, 63
比磁化率‥‥‥‥‥‥‥‥‥‥15, 104
非磁性体‥‥‥‥‥‥‥‥‥‥‥94, 95
ヒステリシス現象‥‥‥‥‥‥‥‥‥16
ヒステリシスループ‥‥‥‥‥16, 105
ピタゴラスの定理‥‥‥‥‥‥‥‥151
比透磁率‥‥‥‥‥‥‥‥‥9, 15, 104

ファラッド‥‥‥‥‥‥‥‥‥‥‥‥86
ファラデー‥‥‥‥‥‥‥‥‥‥‥‥54
　──の電気分解の法則‥‥‥‥‥‥54
　──の電磁誘導の法則‥‥‥‥72, 77
　──の法則‥‥‥‥‥‥‥‥‥‥134
負荷‥‥‥‥‥‥‥‥‥‥‥‥‥‥120
複素数‥‥‥‥‥‥‥‥‥‥‥‥‥149
負電荷‥‥‥‥‥‥‥‥‥‥‥‥‥‥35
負電気‥‥‥‥‥‥‥‥‥‥‥‥‥‥34
不導体‥‥‥‥‥‥‥‥‥‥‥‥‥‥44
ブリッジ回路‥‥‥‥‥‥‥‥‥‥180
　──の平衡条件‥‥‥‥‥‥‥‥181
フレミング‥‥‥‥‥‥‥‥‥‥‥‥65
　──の左手の法則‥‥‥‥‥‥65, 71
　──の右手の法則‥‥‥‥‥‥71, 133

平衡三相Ｙ-Ｙ結線‥‥‥‥‥‥‥167
　──の三相電力‥‥‥‥‥‥‥‥178
　──の皮相電力‥‥‥‥‥‥‥‥179
　──の無効電力‥‥‥‥‥‥‥‥179

平衡三相△-△結線‥‥‥‥‥‥‥173
　──の三相電力‥‥‥‥‥‥‥‥179
　──の皮相電力‥‥‥‥‥‥‥‥179
　──の無効電力‥‥‥‥‥‥‥‥179
平衡三相回路の電力‥‥‥‥‥‥‥177
平衡三相交流回路‥‥‥‥‥‥‥‥162
平行板コンデンサ‥‥‥‥‥‥85, 86
　──の充電電流‥‥‥‥‥‥‥‥‥85
並列回路の合成抵抗‥‥‥‥‥‥‥125
ヘルツ‥‥‥‥‥‥‥‥‥‥‥‥‥139
変圧器‥‥‥‥‥‥‥‥‥‥‥20, 81
ヘンリー‥‥‥‥‥‥‥‥‥‥79, 81

ホイートストンブリッジ‥‥‥‥‥182
飽和曲線‥‥‥‥‥‥‥‥‥‥‥‥‥16
保持力‥‥‥‥‥‥‥‥‥‥‥‥‥105
保磁力‥‥‥‥‥‥‥‥‥‥‥‥‥‥16
ボルタの電池‥‥‥‥‥‥‥‥56, 126
ボルト‥‥‥‥‥‥‥‥38, 39, 116, 119

[ま行]

巻線形抵抗器‥‥‥‥‥‥‥‥45, 117
マクスウェルブリッジ‥‥‥‥‥‥185

右手の法則‥‥‥‥‥‥‥‥‥59, 60
右ねじの法則‥‥‥‥‥‥‥‥59, 60

無効電力‥‥‥‥‥‥‥‥‥‥175, 179

メガワット時‥‥‥‥‥‥‥‥‥‥128

モル‥‥‥‥‥‥‥‥‥‥‥‥‥‥‥54

[や行]

有効電力‥‥‥‥‥‥‥‥‥‥‥‥176
誘導起電力
　‥‥‥70, 74, 76, 77, 78, 132, 134, 135
誘導性リアクタンス‥‥‥‥145, 155
誘導電流‥‥‥‥‥‥‥‥‥70, 76, 132
容量性リアクタンス‥‥‥‥147, 155

[ら行]

ラジアン‥‥‥‥‥‥‥‥‥‥‥‥142

力率‥‥‥‥‥‥‥‥‥‥‥‥‥‥176

レンツの法則‥‥‥‥‥‥‥‥78, 80

論理‥‥‥‥‥‥‥‥‥‥‥‥‥‥‥21
論理回路‥‥‥‥‥‥‥‥‥‥21, 22
　──の図記号‥‥‥‥‥‥‥‥‥‥22
論理積回路‥‥‥‥‥‥‥‥‥‥‥‥22
論理積否定回路‥‥‥‥‥‥‥‥‥‥25
論理否定回路‥‥‥‥‥‥‥‥‥‥‥24
論理和回路‥‥‥‥‥‥‥‥‥‥‥‥23
論理和否定回路‥‥‥‥‥‥‥‥‥‥26

[わ行]

ワット‥‥‥‥‥‥‥‥‥‥‥49, 129
ワット時‥‥‥‥‥‥‥‥‥‥‥‥128
ワット秒‥‥‥‥‥‥‥‥‥‥‥‥128

[記号・数字・英文字]

%導電率‥‥‥‥‥‥‥‥‥‥‥‥‥42

0信号‥‥‥‥‥‥‥‥‥‥‥‥‥‥21
1信号‥‥‥‥‥‥‥‥‥‥‥‥‥‥21
2信号‥‥‥‥‥‥‥‥‥‥‥‥‥‥21

AND回路‥‥‥‥‥‥‥‥‥‥‥‥22
B-H曲線‥‥‥‥‥‥‥‥‥16, 105
IC‥‥‥‥‥‥‥‥‥‥‥‥‥‥‥‥21
JIS論理記号‥‥‥‥‥‥‥‥‥‥‥22
MIL論理記号‥‥‥‥‥‥‥‥‥‥‥22
N極‥‥‥‥‥‥‥‥‥‥‥‥‥‥‥8
NAND回路‥‥‥‥‥‥‥‥‥‥‥25
NOR回路‥‥‥‥‥‥‥‥‥‥‥‥26
NOT回路‥‥‥‥‥‥‥‥‥‥‥‥24
OR回路‥‥‥‥‥‥‥‥‥‥‥‥‥23
RC直列回路‥‥‥‥‥‥‥‥152, 153
RL直列回路‥‥‥‥‥‥‥‥150, 151
RLC直列回路‥‥‥‥‥‥154, 155, 176
RSフリップフロップ回路‥‥‥‥‥32
S極‥‥‥‥‥‥‥‥‥‥‥‥‥‥‥8

Ｙ結線‥‥‥‥‥‥‥‥‥‥‥‥‥165
Ｙ-Ｙ結線‥‥‥‥‥‥‥‥‥165, 166
△結線‥‥‥‥‥‥‥‥‥‥‥‥‥168
△-△結線‥‥‥‥‥‥‥‥‥‥‥171

<著者略歴>

大浜　庄司（おおはま　しょうじ）
　昭和32年　東京電機大学工学部・電気工学科卒業
　現　　在　・オーエス総合技術研究所・所長
　　　　　　・認証機関・JIA-QA センター主任審査員
　資　　格　・JRCA 登録主任審査員

<主な著書>

完全図解 自家用電気設備の実務と保守早わかり	完全図解 発電・送配電・屋内配線設備早わかり
現場技術者のための 図解 電気の基礎知識早わかり	絵とき シーケンス制御読本入門編(改訂4版)
電気管理技術者の絵とき実務入門(改訂4版)	絵とき シーケンス制御読本実用編(改訂4版)
絵とき 自家用電気技術者実務読本(第5版)	完全図解 シーケンス制御のすべて
絵とき 電気設備の管理入門	絵とき シーケンス制御回路の基礎と実務
絵とき 自家用電気技術者実務百科早わかり	図解 シーケンス図を学ぶ人のために
絵とき 自家用電気設備メンテナンス読本	図解 シーケンス制御入門
絵とき 自家用電気技術者実務知識早わかり(改訂2版)	絵で学ぶ ビルメンテナンス入門(改訂2版)
絵とき 電気設備の保守と制御早わかり	マンガで学ぶ 自家用電気設備の基礎知識
完全図解 空調・給排水衛生設備の基礎知識早わかり	など(以上，オーム社)

- 本書の内容に関する質問は，オーム社雑誌編集局「(書名を明記)」係宛，
  書状またはFAX (03-3293-6889)，E-mail (zasshi@ohmsha.co.jp) にてお願いします。
  お受けできる質問は本書で紹介した内容に限らせていただきます．なお，電話での質問にはお答えできませんので，あらかじめご了承ください．
- 万一，落丁・乱丁の場合は，送料当社負担でお取替えいたします．当社販売課宛にお送りください．
- 本書の一部の複写複製を希望される場合は，本書扉裏を参照してください．
  [JCOPY] <出版者著作権管理機構 委託出版物>

完全図解　電気理論と電気回路の基礎知識早わかり

2019年7月11日　第1版第1刷発行

著　　者　大浜庄司
発行者　村上和夫
発行所　株式会社 オーム社
　　　　郵便番号　101-8460
　　　　東京都千代田区神田錦町3-1
　　　　電　話　03(3233)0641(代表)
　　　　URL　https://www.ohmsha.co.jp/

© 大浜庄司 2019

組版　アトリエ渋谷　　印刷・製本　日経印刷
ISBN 978-4-274-50740-3　Printed in Japan

絵とき 自家用電気技術者 実務知識早わかり

大浜 庄司 著 [改訂2版]

本書は，自家用電気技術者として，自家用高圧受電設備および電動機設備の保安に関して，初めて学習しようと志す人のための現場実務入門の書です。

自家用高圧受電設備や電動機設備に関して体系的に習得できるように工夫され，また完全図解により，よりわかりやすく解説されています。

A5判・280ページ
定価3024円（本体2800円＋税）
ISBN 978-4-274-50438-9

[CONTENTS]

第1章 自家用電気設備のメカニズム
自家用電気設備とはどういうものか／高圧引込線と責任分界点／自家用高圧受電に用いられる機器

第2章 自家用高圧受電設備の主回路と機器配置
開放式高圧受電設備の主回路結線／自家用高圧受電設備の主回路機能／受電室の機器配置と施設／キュービクル式高圧受電設備／自家用高圧受電設備の接地工事

第3章 電動機設備のメカニズム
電動機のしくみ／電動機の特性／電動機の低圧幹線と分岐回路／電動機の据付け工事／電動機の配線工事／電動機の始動制御／電動機のスターデルタ始動制御／電動機の保守・点検

第4章 自家用高圧受電設備の試験と検査
自家用高圧受電設備の外観構造検査／接地抵抗測定／絶縁抵抗測定／過電流継電器による過電流保護／過電流継電器と遮断器の連動試験／地絡遮断装置による地絡保護／地絡継電器と遮断器の連動試験

第5章 自家用高圧受電設備の保守・点検
自家用高圧受電設備の保全のしくみ／自家用高圧受電設備の日常点検／キュービクル式高圧受電設備の保守・点検／自家用高圧受電設備の定期点検事前準備／自家用高圧受電設備の定期点検／自家用高圧受電設備構成機器の保守・点検／自家用高圧受電設備の電気事故／キュービクル式高圧受電設備の電気事故

- 付録1　電気設備の電気用図記号
- 付録2　保安規程の事例

Ohmsha